Kristin Moldestad und Olve Lundetræ

# BAUMWURZELN

## Eine Hilfestellung zur Unterscheidung in Baugruben

mit einem Vorwort von

Jürgen Unger

Haymarket Media

Der Titel der norwegischen Originalausgabe lautet „Røtter. Identifisering av røtter i felt“, erschienen 2023 im Kolofon Forlag AS in Oslo, unterstützt durch die Nordische Stiftung für Stadtbäume (Nordisk Fond for Bytræer), mit der ISBN 978-82-300-2523-9.


Der Titel der ersten englischsprachigen Ausgabe lautet „Roots. A field guide for identification“, herausgegeben 2023 von der Arboricultural Association, Stonehouse, UK (www.trees.org.uk).




**Bibliographische Information der Deutschen Bibliothek**
Die Deutsche Bibliothek verzeichnet diese Publikation in der Deutschen Nationalbiographie; detaillierte bibliographische Daten sind im Internet über http://dnb.dnb.de abrufbar.

1. Auflage 2024


Postfach 8364, 38133 Braunschweig
Tel.: +49 531-38 00 4-0, Fax: +49 531-38 00 4-25
E-Mail: info@haymarket.de
taspo.de; baumzeitung.de



Sammlung der Wurzeln: Kristin Moldestad und Olve Lundetræ
Alle Fotos, außer den nachfolgend aufgeführten: Kristin Moldestad
Fotos vom Hainbuchen- (S. 36) und Edel-Tannen-Stubben (S. 76): Oluf M. Brand
Foto der Wurzelknolle an einer Robinien-Wurzel (S. 44): Margrethe Wheeler
Fotos der Autoren (S. 112): Ragnhild Heggem Fagerheim und Vibeke Stockinger Lundetræ

Redaktionelle Betreuung: Martina Borowski
Übersetzung: Bianca Borowski
Herstellungskoordination: Anja Pieper
Satz: deckermedia GbR, Graal-Müritz
Druck: Kunst- und Werbedruck, Bad Oeynhausen
Printed in Germany

**ISBN 978-3-87815-289-7**

# Vorwort

Mehr denn je erweitert sich das Betätigungsfeld in der Baumpflege. Was vor wenigen Jahren noch fast ausschließlich in Baumkronen stattfand, Baumpflege und Baumerhalt, hat den Weg zu den Wurzeln gefunden, etwa in Form der Biologischen Baubegleitung. Das große Ziel ist es, Baumbestand, der auf Standorten etabliert ist, zu erhalten, häufig weil es schwierig ist, einen Baum durch einen neuen zu ersetzen, besonders mit all seinen wichtigen kleinklimatischen, biologischen und ökologischen Funktionen.

Ein Blick auf die Programme der angesagten Weiterbildungsevents und Anbieter zeigt eine deutliche Tendenz in diese Richtung. Der Fachwelt wird zunehmend bewusst, wie wichtig das Baumumfeld ist, möchte man einen Baum gesund erhalten. Hier gibt es etablierte Normen und Regelwerke, wie zu verfahren ist, soll im Baumumfeld gebaut werden. Es werden Abstände zum Baum, Grabeverfahren, Techniken gegen Bodenverdichtung, Substrateinsatz und -einbau beschrieben.

Was es bisher nicht gibt, ist ein Buch zur Ansprache von Wurzeln im Baumumfeld. In vielen Fällen ist es möglich, durch Bestimmung der Wurzelzugehörigkeit zu einem bestimmten Baum, Arbeiten positiv und auch kostengünstig zu beeinflussen. Ein Buch zur Wurzelbestimmung in der Baustelle gibt es jedoch nicht. Zwei Kollegen aus Norwegen, Kristin Moldestad und Olve Lundetræ, ist dies auf einer Baustelle auch aufgefallen, und sie haben sich an die Arbeit gemacht, um ein erstes Werk zu erstellen, das Hilfestellungen zur Bestimmung von Baumwurzeln gibt.

Als mir Kristin auf einem Baumpflegertreffen, dem Arborcamp auf Haoya, einer Insel im Oslofjord, von dem Buchprojekt erzählt hat, war ich Feuer und Flamme dafür. Es ist etwas noch nie Dagewesenes und ein Neuanfang in der Baumpflege. Das Buch beansprucht für sich nicht die Vollständigkeit oder gar den Status eines wissenschaftlichen Werkes. Es ist aus der Begeisterung für Bäume und dem Baumerhalt heraus entstanden, und dies merkt man bei jedem Gespräch und jedem Vortrag der Autoren. Es ist mit Herzblut geschrieben und soll auf einen unglaublich wichtigen Bereich der Baumpflege aufmerksam machen: den Wurzelbereich unserer Bäume und die Möglichkeiten, die das Bestimmen der Wurzelzugehörigkeit zu Einzelbäumen bieten.

Ich freue mich schon jetzt auf eine Erweiterung des Werkes und werde Kristin und Olve so gut wie möglich unterstützen, um Bäume zu erhalten und der Baumpflege-Branche ein gutes, praktisch nutzbares Werkzeug an die Hand zu geben.

Jürgen Unger
Eichhorn Baummanagement

# Inhaltsverzeichnis

# Einleitung

Unsere Wurzeluntersuchungen begannen, als wir damit beauftragt wurden, eine alte Eiche zu erhalten, deren Standort sich in einem zukünftigen Baugebiet befand. Der Baum ist durch norwegisches Recht geschützt und aufgrund seiner prägenden Gestalt für das neue Wohngebiet von besonderer Bedeutung. Grundlage für den Schutz ist in Norwegen der „Nature Diversity Act" (Gesetz zur natürlichen Vielfalt) des Ministeriums für Klima und Umwelt aus dem Jahr 2009. Geschützt sind alle einheimischen Eichenarten, Trauben-Eiche (*Quercus petraea*) und Stiel-Eiche (*Quercus robur*), mit einem Brusthöhendurchmesser (BHD) von mindestens 63 cm sowie erkennbar ausgehöhlte Eichen mit einem BHD von mindestens 30 cm. Ein Baum gilt als „erkennbar ausgehöhlt", wenn die Höhlung im Stamm größer als die Öffnung ist, wobei letztere größer als 5 cm sein muss. Ausgenommen hiervon sind hohle Eichen in Wirtschaftswäldern. Dieses Gesetz wurde erlassen, da die Gattung *Quercus* in Norwegen wahrscheinlich die größte Vielfalt von weiteren mit ihnen assoziierten Arten aufweist.

Die uns zu der vorliegenden Arbeit inspirierende Eiche stand in einem bewaldeten Areal, in dem andere Bäume gefällt wurden. Bei Grabungen in der Nähe der Eiche zeigten sich viele verschiedene Wurzeln, und eine Zuordnung zu den einzelnen Bäumen vor Ort war nicht möglich. Trotz Recherche konnten wir keine praktikable Methode zur schnellen und sicheren Bestimmung von Wurzeln in der Natur finden. Daher begannen wir, die Wurzeln systematisch zu untersuchen und danach zu schauen, ob eine Differenzierung im Feld möglich ist.

Die Idee für das Projekt, Bäume anhand ihrer Wurzeln zu bestimmen, entstand, als es um den Erhalt dieser Stiel-Eiche (Bild mitte, *Quercus robur*) ging.

# Vorteile der Möglichkeiten zur Bestimmung von Wurzeln

Beim Baumerhalt in Bauvorhaben sind viele Disziplinen beteiligt, und die Entscheidung für den Erhalt sollte so früh wie möglich im Planungsprozess getroffen werden. Die Wurzeln eines Baumes können weit über die Kronentraufe hinausreichen, sodass in Plänen eingezeichnete Kronendurchmesser meist nicht zielführend sind. Falls Suchgrabungen ergeben, dass dort, wo Gräben oder Gebäude geplant sind, Wurzeln vorkommen, muss geklärt werden, zu welchem Baum diese gehören. In solchen Fällen ist es hilfreich, die Baumwurzeln bereits vor Ort ansprechen zu können, um die Projektbeteiligten so früh wie möglich darüber zu informieren, inwiefern der betreffende Baum erhalten bleiben kann oder ob dies nicht aussichtsreich erscheint.

Grabungen in Baumnähe erfolgen oft im bereits laufenden Baugeschehen. Änderungen, die eine Neuplanung erfordern, sind dann sowohl im Hinblick auf den Baufortschritt als auch mit Blick auf mögliche Kostensteigerungen meist unerwünscht. Die Bestrebungen zum Baumerhalt kollidieren dann mit wirtschaftlichen Faktoren.

Die Verantwortung für den Schutz, und damit den Erhalt eines Baumes liegt in Norwegen im Allgemeinen beim baubegleitenden Baumpfleger. Wenn er die Baumart anhand der Wurzeln vor Ort identifizieren kann, lassen sich auch die kurz- und langfristigen Folgen ggf. notwendiger Wurzelverluste besser kommunizieren. Dabei gilt, dass der Verlust von Wurzeln potenziell das Risiko einer dadurch verringerten Lebenserwartung des Baumes und seiner verringerten Standsicherheit, die Gefahr einer Vitalitätsschwächung und den Befall mit holzzerstörenden Pilzen erhöht. Das Wissen um die Zugehörigkeit einer Wurzel zu einem bestimmten Baum kann auch dabei helfen, geeignete Maßnahmen für den Erhalt des Baumes zu entwickeln.

Ein Graben mit Wurzeln verschiedener Baumarten. Ohne eine Untersuchung ist es nicht möglich, diese den jeweiligen Bäumen zuzuordnen.

# Biologische und anatomische Grundlagen

Um eine Wurzel beschreiben und bestimmen zu können, muss man die hierzu relevanten Begrifflichkeiten kennen. Feinwurzeln befinden sich vermehrt in den äußeren Ausläufern des Wurzelsystems und dienen der Aufnahme von Wasser und Nährstoffen. Ihr Durchmesser beträgt nach unserer Definition normalerweise 2 mm oder weniger. Baumwurzeln vergrößern ihren Umfang durch das sekundäre Dickenwachstum. Das Kambium bildet Jahrringe und damit Holzzellen und Strukturen, die sich für eine Differenzierung eignen. Die von uns untersuchten Wurzeln sind solche mit sekundärem Dickenwachstum.

Die äußerste Schicht solcher Wurzeln wird als Periderm bezeichnet. Diese Schicht ersetzt die Epidermis, welche zunächst die äußerste Schicht einer jungen Wurzel bildet. Sie schützt gegen Wasserverlust, Verletzungen und das Eindringen von Pathogenen. Auf die äußere Rinde, das Periderm, folgt nach innen das sekundäre Phloem (Bast), auch die innere Rinde genannt. Bei der Wurzelbestimmung kann es hilfreich sein, diese beiden sichtbaren Schichten zu unterteilen.

Die äußere Rinde von Wurzeln kann verschiedene Farben und Strukturen aufweisen. Wie an Zweigen und Ästen bilden sich bei manchen Arten glatte Borken, während andere eine strukturierte Oberfläche haben, die in Schichten abblättern kann. Sie können ein- oder mehrfarbig sein oder durch eine dünne Wachsschicht gräulich wirken. In nassem Zustand ist die Farbe oft leuchtend, in trockenem Zustand weniger ausgeprägt. Bei manchen Wurzeln besitzt die äußere Rinde auch einen metallischen Schimmer. Im Querschnitt ist die äußere Rinde in aller Regel dunkler als die innere Rinde.

Die Wurzeln besitzen an ihrer Oberfläche bei den meisten Baumarten gut erkennbare Lentizellen. Es handelt sich um Parenchymzellen, die den Gasaustausch der Rindengewebe ermöglichen. Sie treten in kleinen runden Strukturen oder langen Linien auf, die längs oder quer zum Längenwachstum der Wurzel verlaufen. Wenn man mit dem Finger an der Wurzel entlangfährt, lassen sie sich als Erhebungen fühlen. Lentizellen können von gleicher Farbe wie die äußere Rinde sein, mit dunkleren oder helleren Variationen.

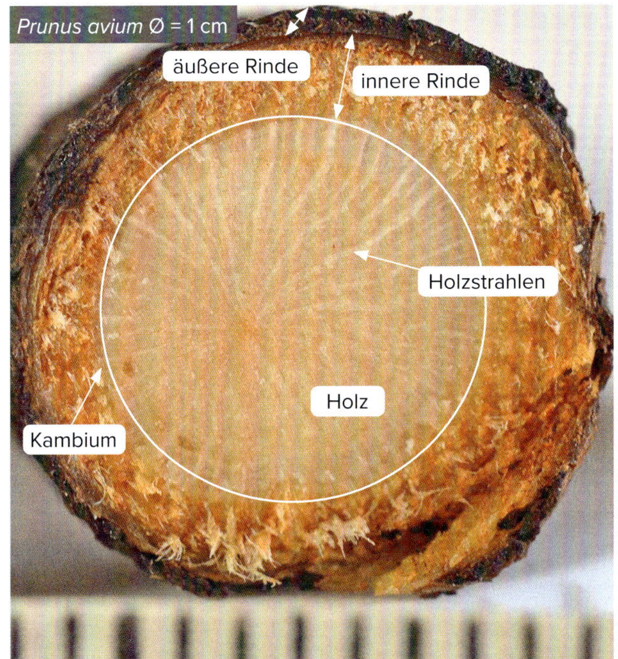


Querschnitt durch die Wurzel einer Vogelkirsche (*Prunus avium*). Das Kambium ist mit einem weißen Kreis markiert, da es mit bloßem Auge nicht sichtbar ist.

Auf der Oberfläche der Rinde befinden sich Lentizellen, die mit bloßem Auge erkennbar sind.

In der inneren Rinde finden sich weitere Zellstrukturen, wie Bastfasern oder sekretorische Zellen, von denen vor allem die Strahlen deutlich hervortreten. Sie erscheinen als lange Stränge, die vom Zentrum der Wurzeln bis zur Borke reichen. Im Querschnitt bilden die Strahlen oft charakteristische Muster und im Schrägschnitt sind sie als längere Linien erkennbar.

Nach innen folgt nun das Kambium, das als dünne Zellschicht zwischen der inneren Rinde und dem Holz der Wurzel liegt. Sie ist nur unter dem Mikroskop zu erkennen. Das Kambium besteht aus lebenden, teilungsfähigen Zellen. Nach außen bilden diese den Bast, dem das Periderm aufliegt, und nach innen bilden sie den Holzkörper. In diesen Geweben bilden sich dann wiederum unterschiedliche Zelltypen aus. Die Größen und Anteile der verschiedenen Zellen können je nach Gattung bzw. Art sehr verschieden sein.

Die am deutlichsten sichtbaren sind auch im Holz die Strahlen, die im Querschnitt oft als weißliche Linien erscheinen und die in der Wurzelmitte zusammenlaufen. Sie können sich in der Breite (Anzahl der Zelllagen) und in ihrer Form voneinander unterscheiden. Regelmäßig sind sie v-förmig zur äußeren Rinde geöffnet, d. h. sie nehmen nach außen in ihrer Breite zu. Im Längsschnitt unterscheiden sie sich in ihrer Höhe (Anzahl der Zelllagen). Die Anzahl der vorhandenen Strahlen variiert bei miteinander vergleichbaren Wurzeldurchmessern meist charakteristisch von Art zu Art.

Zwischen den Strahlen liegen die wasserleitenden Gefäße, eingebettet in das Holzparenchym. Bei den Laubgehölzen (Angiospermae) werden dabei nach Größe und Anordnung der Gefäße (Tracheen) unterschieden. Im Holz der Nadelgehölze (Gymnospermae) werden in aller Regel nur Tracheïden ausgebildet. Wir haben uns dazu entschieden, die Tracheen hier als Xylemgefäße anzusprechen. Sie sind hilfreich bei der Bestimmung der Wurzeln, denn sie können sich je nach Größe und Anzahl deutlich voneinander unterscheiden.

Bei ringporigen Baumarten sind die im Frühjahr gebildeten Gefäße häufig auffallend groß und die später gebildeten deutlich kleiner. Die Frühholzgefäße sind bereits mit bloßem Auge erkennbar. In zerstreutporigen Baumarten sind die Xylemgefäße meist klein und von ähnlicher Größe. Es ist selbst mit einer Lupe kaum möglich, sie zu erkennen.

Auffallend ist darüber hinaus, dass sich die Wurzeln der meisten Koniferen oft leicht daran erkennen lassen, dass sie nach Harz riechen und eine äußere Rinde haben, die in Schichten abblättert. Das Harz findet sich überwiegend in den Harzkanälen. Diese sind im Querschnitt klar und als kleine Öffnungen im Holz erkennbar. Bei unseren Untersuchungen haben wir zudem oft eine orangene Farbe bei den jüngeren Wurzeln feststellen können. Mit zunehmendem Alter verliert sich diese Farbe jedoch zusehends und die Wurzeln werden dann dunkler. Auch wirkt sich der Gehalt an Huminstoffen des umgebenden Bodens auf die Färbung der Abschlussgewebe aus.

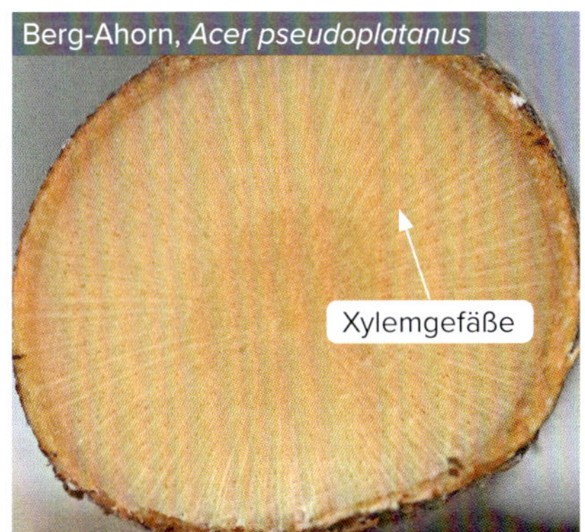


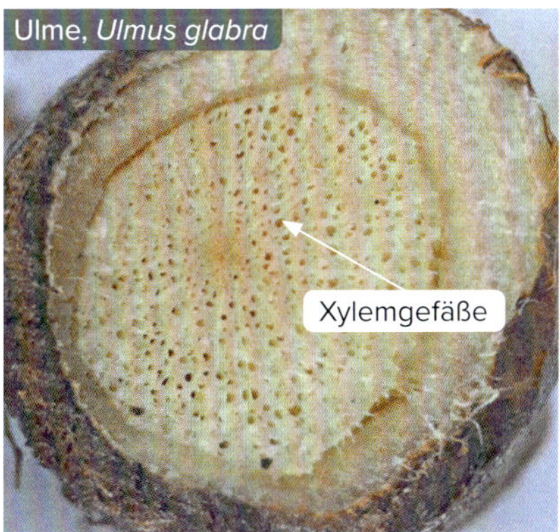


Einige Holzarten, wie z. B. Ulmen, sind ringporig und haben große Xylemgefäße. Die Gefäße sind manchmal so groß, dass sie ohne Vergrößerung sichtbar sind. Andere Holzarten, wie z. B. Berg-Ahorn, sind zerstreutporig. Zerstreutporige Bäume haben oft kleinere Gefäße, manchmal so klein, dass sie mit einer Handlupe nicht zu sehen sind.

# Methodik

Unsere Arbeit stellt keine wissenschaftlich-systematische Untersuchung dar. Die Sammlung an Bildern und Beschreibungen stammt von Wurzeln, die wir in den Jahren 2020 bis 2023 vorgefunden haben. Dabei haben wir jeweils die Wurzeln von ein oder zwei Exemplaren der gleichen Baumart untersucht und daher nur geringe Unterschiede innerhalb einer Baumart feststellen können.

Das Alter der untersuchten Wurzeln variierte in Abhängigkeit der Entfernung der Probenahme zum Stamm. Ziel war die Beschreibung von Wurzeln häufig anzutreffender Straßenbaumarten in Norwegen, die entsprechend häufig von Grabungen im Wurzelraum betroffen sein können.

Bislang haben wir die Wurzeln von beinahe 50 verschiedenen Baumarten untersucht. Sie wurden vorrangig bei Bauprojekten in Oslo (Norwegen) im Rahmen von Grabungsarbeiten in unmittelbarer Nähe von Bäumen entnommen. Darüber hinaus haben wir Wurzeln herangezogen, die von frisch gefällten Bäumen des Arboretums im Freilandlabor der norwegischen Universität für Biowissenschaften stammten, einer aufgegebenen Baumschule in Sola an der Westküste Norwegens und aus dem Arboretum in Meadow Lakes in Moorestown, New Jersey, USA.

Zunächst wurden die Wurzeln in ihrer ursprünglichen Lage untersucht und danach eine Probe für detailliertere Beschreibungen entnommen. Wurzeln lassen sich bereits mit einfachen Hilfsmitteln, wie Astschere und Lupe, untersuchen und anatomisch betrachten. Ihre fotografische Dokumentation erfolgte nach Möglichkeit direkt vor Ort. Hierzu wurden die Wurzeln zunächst mit kaltem Wasser von anhaftender Erde befreit. Die Ansprache der Wurzeln erfolgte anhand des Aussehens ihrer Abschlussgewebe (Periderm) und den sonstigen Merkmalen ihres Querschnittes. Für eine genauere Untersuchung verwendeten wir eine Lupe sowie eine Kamera mit Makro-Objektiv.

## Bestimmung von Wurzeln vor Ort

Benötigt wird hierzu eine Lupe mit 10- bis 15-facher Vergrößerung und Wasser zum Waschen der Wurzeln. Bevor ein Wurzelstück entnommen wird, sollte man die Wurzel genau betrachten und auf charakteristische Merkmale der Rinde achten: Wie ist die Struktur der Borke? Gibt es beispielsweise Lentizellen, und ist die Wurzel steif oder elastisch? Im Anschnitt sollte der Blick dann beispielsweise auf die Farbe der äußeren und inneren Rinde und des Xylems gelegt werden. Die Kombination dieser Merkmale kann ein Muster beschreiben, das bei anderen Wurzeln so nicht angetroffen wird. Anhand dessen können weitere freigelegte Wurzeln dann mit der Probe abgeglichen werden, im besten Fall ohne diese anschneiden zu müssen.

Um strukturelle Details einer Wurzel zu sehen, vergrößern Sie den Querschnitt oder die äußere Rinde. Dies geht ganz einfach, indem Sie mit Ihrem Telefon ein Foto machen.

Eine Geschmacksprobe wird nicht empfohlen, da manche Wurzeln giftig sind und die Erde urbaner Standorte verschmutzt sein kann. Der Geruch von Wurzeln variiert von praktisch nicht wahrnehmbar bis hin zu ausgeprägt. Die Wurzeln der meisten Koniferen riechen nach Harz, wohingegen Wurzeln von Laubbäumen in der Regel keinen ausgeprägten Geruch haben. Eine Ausnahme hiervon bildet z. B. der Schwarze Holunder (*Sambucus nigra*), dessen Wurzeln bei unseren Aufgrabungen geruchlich gut von jenen anderer Gehölzarten unterscheidbar war.

Auch wenn das Abschneiden von Wurzeln eines Baumes, der erhalten bleiben soll, stets zu vermeiden ist, führt die Entnahme einer einzelnen dünnen Wurzel zu Bestimmungszwecken zu keinen signifikanten Schäden für den Baum. Sollte jedoch die Entnahme größerer Wurzeln erforderlich sein, sind die möglichen Folgen vorab sorgfältig zu überdenken.

Zoomen Sie in das Bild hinein oder verwenden Sie eine Lupe, um Details zu erkennen wie Gefäße, innere Rinde, Markstrahlen, äußere Rindenstruktur und Rindenporen.

Es dauert eine Weile, bis eine durchtrennte Wurzel den Schaden mit neuem Holz abschottet. Dabei kann die Schnittfläche das Einfallstor für holzzerstörende Pilze sein. Hier eine Eschenwurzel mit beginnender Wundheilung. Der Baum hat die Wunde fast geschlossen. In der Mitte der Wurzel ist Fäule vorhanden.

# Ergebnisse der Felduntersuchungen

Nach unseren Erfahrungen weisen Wurzeln viele Merkmale auf, die sie, wie bei Blättern, Knospen und Rinde verschiedener Baumarten auch, unterscheidbar machen. In Baugruben in der Nähe von Bäumen fanden wir für gewöhnlich Wurzeln mit Durchmessern von etwa 1 cm. Diese Wurzeln wiesen bereits ein sekundäres Dickenwachstum auf und waren damit alt genug, um sie voneinander zu unterscheiden.

Im Folgenden werden wir einige von ihnen vorstellen. Die Bilder und Texte zeigen und beschreiben die Wurzeln, die wir in den Jahren 2020 bis 2023 vorgefunden haben. Von jeder Baumart untersuchten wir die Wurzeln von ein oder zwei Bäumen. Daher konnten wir keine Schlüsse zur Variationsbreite innerhalb einer Art ziehen. Das Alter der untersuchten Wurzeln variiert je nachdem, wie nah am Stamm die Proben entnommen wurden. Die Farbe der Wurzeln kann sich im Jahresverlauf verändern. Bisher haben wir nur bei der Weide, die sowohl im Dezember als auch im Mai untersucht wurde, jahreszeitlich bedingte Farbveränderungen beobachtet, aber sie könnten auch bei anderen Arten auftreten. Farbliche und optische Veränderungen könnten auch regional variieren, ähnlich wie unterschiedliche Erscheinungsbilder bei Pflanzen auf verschiedenen Standorten.

Wurzelquerschnitte von zwölf verschiedenen Baumarten. Die vergleichende Untersuchung mit Hilfe einer Lupe offenbart die Charakteristika der jeweiligen Wurzel. Durchmesser = 1 cm.
1. Reihe von links: *Acer pseudoplatanus*, *Aesculus hippocastanum*, *Platanus hispanica*.
2. Reihe: *Juglans cinera*, *Quercus rubra*, *Robinia pseudoacacia*.
3. Reihe: *Ginkgo biloba*, *Pinus strobus*, *Acer platanoides*.
4. Reihe: *Morus nigra*, *Styphnolobium japonicum*, *Tilia platyphyllos*.

# Schwarzer Holunder

## *Sambucus nigra*

Der Schwarze Holunder wird im Allgemeinen als Strauch bezeichnet, kann aber auch zu einem kleinstämmigen Baum heranwachsen. Er wird an manchen Orten als Straßenbaum verwendet.

Seine Wurzeln hatten aufgrund der dünn orange umrandeten weißen Lentizellen ein charakteristisches Aussehen. Die äußere Rinde war beige. Die innere Rinde und das Xylem waren hellbeige.

Die innere Rinde mit Phloem und Korkgewebe war im Vergleich zum Xylem recht dick. Phloem und Xylem waren deutlich voneinander zu unterscheiden. Die Markstrahlen waren weiß und im Querschnitt deutlich sichtbar. Die Gefäße waren klein und ohne starke Vergrößerung nicht zu erkennen.

Der Schwarze Holunder hatte weiße Lentizellen mit einer orangefarbenen Umrandung.

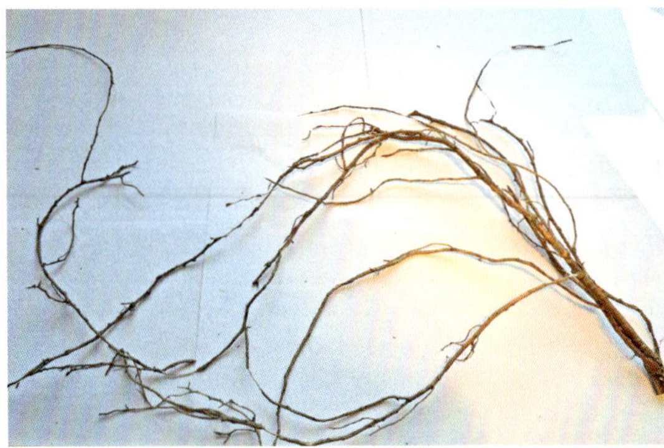

Eine große Wurzel mit einigen Feinwurzeln.

Die äußere Rinde war beige. Die hellere innere Rinde war dort sichtbar, wo die Rinde abgeschabt wurde.

Der Querschnitt zeigt die Markstrahlen und die dicke innere Rinde.

# Gewöhnliche Stechpalme

## *Ilex aquifolium*

Die äußere Rinde einer Stechpalmenwurzel war hellbeige/gelblich, ziemlich glatt und hatte keine offensichtliche Struktur. Die Lentizellen waren klein, rund und hatten die gleiche Farbe wie der Rest der Rinde. Kleinere Wurzeln waren heller und fast weiß. Wurzeln mit einem Durchmesser von 1–2 cm waren hart.

Die Markstrahlen waren weiß und im Querschnitt deutlich sichtbar, da das Xylem leicht beigefarben war. Sie waren gerade und ziemlich breit und wurden mit dem Wachstum der Wurzel breiter. Ein charakteristisches Merkmal der Art war, dass sich auf der inneren Rinde und Teilen des Xylems grüne Flecken bildeten, nachdem sie etwa 20 Minuten lang in Kontakt mit Luft waren.

Nach einigen Minuten Kontakt mit der Luft bildete die Wurzel grüne Flecken.

Ein diagonaler Schnitt zeigt, dass sich in der inneren Rinde eine grüne Farbe bildete.

Die äußere Rinde war hellbeige und hatte keine offensichtliche Struktur.

Ein frischer Querschnitt zeigt die weißen Markstrahlen, die dicht an dicht von der Mitte der Wurzel ausgehen.

# Schwarz-Erle

## *Alnus glutinosa*

Die zunächst sichtbare äußere Rinde war rötlichbraun mit einer Spur orange. Kleinere Wurzeln hatten klar erkennbare kleine Auswüchse. Dies waren stickstofffixierende Knöllchenbakterien, die allen Erlenarten gemein sind.

Die äußere Rinde hatte eine gefurchte Struktur mit sichtbaren Lentizellen, die leuchtend orange waren. Die Wurzeln hatten einen schwachen, angenehmen Duft. Die innere Rinde war orange. Das Xylem war beim Anschneiden weiß, vergilbte aber bei Kontakt mit Luft und wurde nach einigen Minuten orange.

Nahaufnahme eines stickstofffixierenden Knöllchenbakteriums.

Es dauerte einige Minuten, bis sich das Holz vollständig orange färbte. Direkt beim Schnitt war die Wurzel fast weiß.

Die Lentizellen waren quer verlaufende, orangefarbene Ellipsen. Die äußere Rinde war rötlichbraun. Beim Aufplatzen wurde die eher orangefarbene Innenrinde freigelegt.

Querschnitt durch die Wurzeln. Die Jahrringe waren bei älteren Wurzeln deutlich sichtbar. Als das Xylem der Luft ausgesetzt wurde, färbte es sich leuchtend orange.

# Grau-Erle

## *Alnus incana*

Die Wurzeln der Grau-Erle ähnelten denen der Schwarz-Erle, hatten aber eine etwas stumpfere, grauere Außenrinde. Die Lentizellen waren grauorange. Auch diese Art hat Knöllchenbakterien, die jedoch anders aussehen können als bei der Schwarz-Erle. An der von uns ausgegrabenen Wurzel waren sie als lange, dünne Auswüchse sichtbar. Sie können allgemein der Wurzel ähneln.

Die innere Rinde war braunorange. Das Xylem war im Anschnitt gelblichweiß und färbte sich an der Luft orange, aber nicht so intensiv wie bei der Schwarz-Erle.

Querschnitte, die den Farbunterschied zwischen einer frisch angeschnittenen Wurzel und Wurzelstücken, die bereits länger der Luft ausgesetzt waren, zeigen.

Nahaufnahme einer stickstofffixierenden Wurzelknolle.

Die Wurzel der Grau-Erle hatte eine gräuliche Außenrinde.

Ein frischer Querschnitt zeigt, dass das Xylem, bevor es in Kontakt mit Luft kommt, hell gelblichweiß war.

# Sand-Birke

## *Betula pendula*

Die äußere Rinde der Wurzeln ähnelt der Rinde junger Sand-Birkenäste und -stämme. Sie war rötlich und schuppig. Wenn sie feucht war, glänzt sie stellenweise metallisch rot. Die Lentizellen waren dunkler als Querlinien sichtbar. Die äußere Rinde war dünn. Die innere Rinde war eher orangefarben.

Im Querschnitt erschien das Xylem homogen und von heller Farbe. Die Gefäße waren bei Vergrößerung sichtbar. Die weißeren Markstrahlen lagen dicht beieinander und waren ohne Vergrößerung kaum zu erkennen. Das innerste Xylem in der Mitte der Wurzel wirkte wie ein dunklerer Punkt.

Zwischen *Betula pendula* und *Betula pubescens* gab es keine sichtbaren Unterschiede. Die Wurzel auf den Fotos stammt von einer *Betula pendula* 'Dalecarlica'.

Wenn die äußere Rinde nass war, glänzte sie an manchen Stellen metallisch rot.

Feinwurzeln.

Die äußere Rinde der Wurzel einer Sand-Birke war rötlich. Die Rinde blätterte in dünnen Schichten ab. Die Lentizellen waren als Querlinien deutlich sichtbar.

Der Querschnitt zeigt das helle Holz im Kontrast zur orangefarbenen inneren Rinde und der noch dunkleren äußeren Rinde.

# Moor-Birke

## *Betula pubescens*

Die äußere Rinde frischer, feuchter Wurzeln kann eine sehr intensive, dunkelrote Farbe haben. An manchen Stellen war die äußerste Schicht glatt, dünn und schuppig. An anderen Stellen kann sie sowohl knotig sein als auch Querfalten aufweisen. Die äußere Rinde konnte in dünnen Schichten abgeschält werden. Die Lentizellen waren als erhabene Querstreifen sichtbar und hatten eine etwas dunklere Farbe. Die äußere Rinde von 1 cm dicken Wurzeln kann der Rinde von Ästen ähneln. Die Wurzeln waren zäh und ließen sich nur schwer von Hand abreißen.

Beim Anschnitt der äußere Rinde wurde die innere Rinde sichtbar. Die innere Rinde war hellbraun/orange; das Xylem war hell und fast weiß. Die Jahrringe waren am besten mit einer Lupe zu erkennen. Es gab viele Markstrahlen, die aber kaum sichtbar waren. Nach dem Anschneiden blieb der Querschnitt hell und veränderte seine Farbe nicht. Das innerste Xylem in der Mitte der Wurzel wirkte wie ein dunklerer Punkt.

Zwischen *Betula pendula* und *Betula pubescens* gab es keine sichtbaren Unterschiede.

In nassem Zustand erschien die Wurzel dunkelrot.

Eine frisch angeschnittene Wurzel in einem Graben.

Die äußere Rinde war stellenweise glatt und quer gestreift.

Hellgelbes bis weißes Xylem, orangefarbene innere Rinde und etwas dunklere äußere Rinde.

Wurzelwachstum.

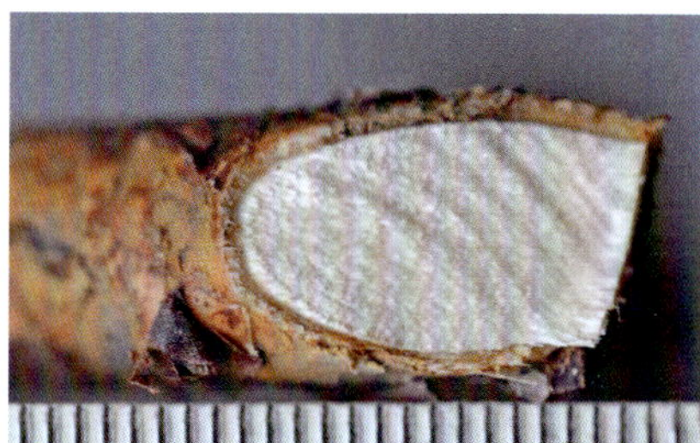

Diagonaler Schnitt.

# Amerikanischer Zürgelbaum

## *Celtis occidentalis*

Die äußere Rinde war rau und hellbraun. Dicke Wurzeln mit einem Durchmesser von über 1 cm ließen sich nur schwer mit einer Rosen- oder Rebschere schneiden. Die Lentizellen hatten die gleiche Farbe wie die äußere Rinde, waren aber als kleine Ausstülpungen deutlich sichtbar. Die Feinwurzeln waren sehr dünn und wuchsen dicht beieinander, wobei dies je nach Wachstumsbedingungen variieren konnte. Die Feinwurzeln waren hellbraun und sehr biegsam.

Die innere Rinde war relativ dünn und hatte eine ähnliche Farbe wie das Holzgewebe, das gelblich war. Die Jahrringe waren ohne Vergrößerung zu erkennen, die Gefäße mithilfe einer Lupe. Das Zentrum der Wurzel war dunkler. Die Markstrahlen waren schwer zu erkennen.

Die Feinwurzeln waren ausgesprochen dünn und wuchsen eng zusammen. Sie hatten eine helle Farbe.

Die Wurzel, wie sie im Graben zu sehen war.

Die äußere Rinde war hellbraun. Die Lentizellen hatten die gleiche Farbe und waren als kleine Ausstülpungen deutlich sichtbar.

Der Querschnitt zeigt eine dünne äußere und innere Rinde. Das Holzgewebe war gelblich. Die Mitte der Wurzel war dunkler; hierbei könnte es sich um das primäre Xylem handeln.

# Gewöhnliche Hainbuche

## *Carpinus betulus*

Die dunkle und rötlichbraune Außenrinde hatte eine deutliche Struktur. Wenn die Wurzel wächst, dehnt sich die Rinde aus, wobei die äußerste Schicht aufbricht und hellere Rindenschichten zum Vorschein kommen und durchscheinen. Die Wurzeln waren sehr hart und ließen sich zum Teil nur schwer mit einer Rosen- oder Rebschere durchtrennen. Sie hatten keinen charakteristischen Geruch. Frische Wurzeln können beim Schneiden „bluten“: Aus dem Schnitt trat eine glänzende, durchscheinende Flüssigkeit aus. Die Farbe der Rinde/des Holzes blieb bei Kontakt mit Luft unverändert.

Im Querschnitt kann die innere Rinde gesprenkelt aussehen, mit dunklen und hellen Flecken. Die Markstrahlen waren weiß und dicht beieinander und ließen sich am besten bei Vergrößerung erkennen.

Freiliegende Wurzeln.

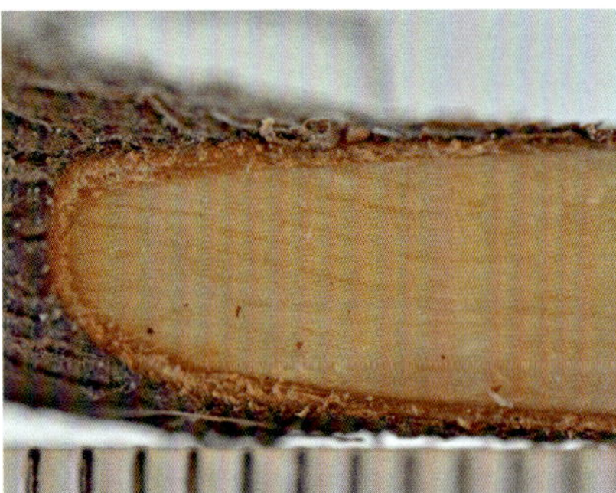

Diagonaler Schnitt.

Feinwurzeln.

Dunkelrotbraune Außenrinde mit deutlicher Struktur.

Klar erkennbare Markstrahlen; die Gefäße waren mit einer Lupe sichtbar.

# Gewöhnliche Hasel

## *Corylus avellana*

Die äußere Rinde variierte in der Farbe von fast weiß bis zu rötlichbraun und ähnelte der Birke. Die Lentizellen bildeten deutlich sichtbare, dunkle Querstreifen. Die Struktur der äußeren Rinde variierte, an manchen Stellen war sie so glatt, dass sie glänzte.

Im Querschnitt sah man die helle, einheitliche Farbe des Xylems: vornehmlich gelblich mit einem Hauch rosa. Die äußere Rinde war als dünne dunkle Linie zu erkennen; die innere Rinde war heller und fast lachsfarben. Mit einer Lupe konnte man die dichten Markstrahlen erkennen.

Wurzelstücke mit verschiedenfarbiger Außenrinde.

Diagonaler Schnitt.

Wurzelwachstum.

Nahaufnahme der Feinwurzeln.

Die äußere Rinde kann viele verschiedene Farben haben, sie variierte von cremeweiß bis rötlichbraun.

Gefäße und Markstrahlen waren mithilfe einer Lupe sichtbar.

# Baum-Hasel

## *Corylus colurna*

Die Wurzeln dieses Baumes waren zäh und konnten etwas gebogen werden, bevor sie brachen. Die äußere Rinde war in trockenem Zustand dunkelgrau und hatte in feuchtem Zustand einen Rotstich. Das Holz war hart und leistete Widerstand, wenn man es mit einer Rosen- oder Rebschere schnitt.

Die äußere Rindenschicht war sehr dünn und ließ sich leicht ablösen. Darunter befand sich eine dunkelgraue Schicht, die etwas robuster war. Wo sich diese Schicht ablöste, kam die orangefarbene Innenrinde zum Vorschein. Die dunklen, quer verlaufenden Lentizellen waren dicht angeordnet. Sie ließen sich als kleine Erhebungen in der Außenrinde ertasten.

Im Querschnitt hob sich die orangefarbene Innenrinde deutlich vom hellen Xylem ab. Die Markstrahlen waren als weißere Linien sichtbar, die sehr eng beieinander lagen. Die Jahrringe waren klar erkennbar. Die Gefäße waren klein, aber mit einer Lupe sichtbar.

Die dunklen Lentizellen verlaufen quer zur Längsrichtung.

Ein charakteristisches Merkmal war die lockere äußerste Zellschicht, die leicht abblätterte. Die orangefarbene Innenrinde leuchtete durch die dunkelgraue Außenrinde hindurch.

Es gab deutliche Farbunterschiede zwischen dem Xylem, der inneren und der äußeren Rinde. Bei Vergrößerung konnte man die Gefäße erkennen.

# Hybrid-Goldregen

## *Laburnum* x *watereri*

Die Wurzeln hatten eine gelborange-braune Farbe. Die Struktur der äußeren Rinde war glatt und wies quer verlaufende Lentizellen auf. Die Wurzeln hatten wenig Verzweigungen und waren zäh und schwer abzubrechen. Sie hatten einen starken Geruch, ähnlich wie die Zweige dieses Baumes. Diese Art ist sehr giftig, deswegen sollte man nicht am Holz lecken.

Die äußere Rinde war dünn und orangefarben; die innere Rinde war relativ dick und weiß. Das Xylem war gelb und im Querschnitt waren die Markstrahlen als dünne weiße Linien zu erkennen. Zwischen dem Xylem und der inneren Rinde befand sich oft ein dunkler Ring, das Kambium. Die Jahrringe waren mit einer Lupe zu erkennen. Die Gefäße waren klein und kaum zu sehen.

Der Hybrid-Goldregen gehört zu den Erbsengewächsen. Bäume und Sträucher dieser Familie bilden Knöllchenbakterien, wenn sie in stickstoffarmen Böden wachsen.

Die Lentizellen waren quer verlaufende Ausstülpungen auf der äußeren Rinde.

Die äußere Rinde war dünn und konnte abgeschabt werden, sodass die innere Rinde sichtbar wurde.

Eine größere Wurzel mit einigen Verzweigungen.

Die äußere Rinde war gelborange-braun und hatte wenig Struktur.
Die gleichfarbigen Lentizellen waren als Querlinien zu erkennen.

Zwischen dem Xylem und der inneren Rinde gab es einen deutlichen Farbunterschied.

# Gewöhnliche Robinie

## *Robinia pseudoacacia*

Die Wurzeln der Robinie rochen stark und hatten charakteristische helle Linien in Längsrichtung. Die äußere Rinde war dünn und blätterte in dünnen Schichten ab. Die Lentizellen waren genauso braun wie die äußere Rinde und kaum sichtbar. Frische Wurzeln waren biegsam und schwer zu brechen. Im Querschnitt sah man eine dicke innere Rinde, die heller war als das gelbe Xylem. Die Wurzeln hatten deutliche Markstrahlen und Gefäße. Ein weiteres Merkmal war, dass das Xylem und die Rinde leicht zu trennen waren. Diese Art ist giftig.

Wie die meisten Arten der Erbsengewächse kann die Robinie Knöllchenbakterien bilden, wenn sie an stickstoffarmen Standorten wächst.

Das Xylem löste sich leicht von der Rinde.

Wurzelschösslinge wuchsen direkt aus der Wurzel heraus.

Eine stickstoffbindende Wurzelknolle der Robinie.

Die äußere Rinde der Robinie wies deutliche weiße Längslinien auf.

Im Querschnitt sah man eine dicke, helle Innenrinde und ein gelbliches Xylem. Markstrahlen und Gefäße waren mithilfe einer Lupe zu erkennen.

# Japanischer Pagodenbaum

## *Styphnolobium japonicum*

Die Wurzeln waren dunkelbraun. Die Rinde der jungen Wurzeln war glatter als die der älteren Wurzeln. Die dicken Wurzeln hatten eine leicht gewellte Struktur. Die Lentizellen waren kaum sichtbar. Die Wurzeln hatten nur wenige Verzweigungen. Sie hatten einen ziemlich starken Geruch, der an grüne Erbsen erinnert.

Die äußere Rinde war dünn, die innere Rinde war relativ dick und weiß. Das Xylem war weißgelb, und im Querschnitt waren die Markstrahlen als dünne weiße Linien zu erkennen. Zwischen dem Xylem und der inneren Rinde befand sich oft ein dunkler Ring, das Kambium. Jahrringe waren mithilfe einer Lupe zu erkennen. Die Xylemgefäße waren sichtbar.

Die Feinwurzeln waren dunkel gefärbt und an den Enden stumpf. Bei grober Behandlung löste sich die Rinde leicht vom Holzteil, deswegen vorsichtig behandeln.

Der Japanische Pagodenbaum gehört zu den Erbsengewächsen. Bäume und Sträucher dieser Familie bilden Knöllchenbakterien, wenn sie in stickstoffarmen Böden wachsen.

Die Rinde der dünnen Wurzeln war glatter als die der dicken Wurzeln. Dicke Wurzeln hatten eine leicht gewellte Struktur.

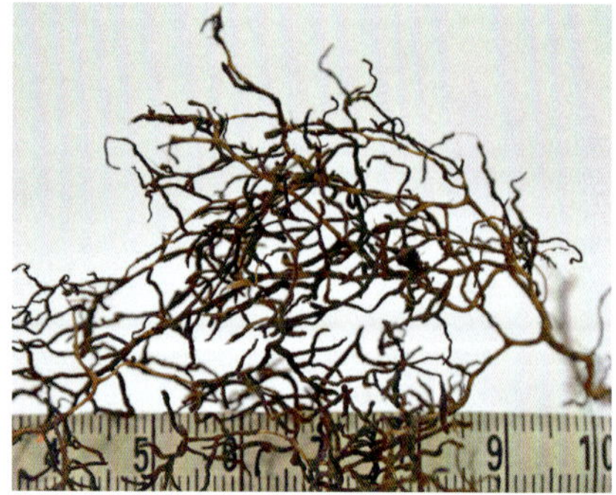


Die Feinwurzeln waren dunkel gefärbt und recht dick.

Rinde und Diagonalschnitt.

Querschnitt: Es gab einen deutlichen Farbunterschied zwischen dem Xylem und der inneren Rinde.

# Rot-Buche

## *Fagus sylvatica*

Die Wurzeln hatten eine dünne, rötliche Außenrinde und eine orangefarbene Innenrinde. Die äußere Rinde platzte beim weiteren Wachstum der Wurzel auf. Dort, wo alte Rinde vorhanden war, traten dunklere Bereiche auf, während die Farbe im Bereich neuerer Rinde eher rot/orange war. Die Feinwurzeln waren dünn und klein und hatten viele Verzweigungen. Die Wurzeln waren fest mit den Verzweigungsstellen verbunden und ließen sich wegen des harten Holzes schwer abbrechen.

Das Holz der Wurzel war hell und weißlich, wie das Holz der Buche im Allgemeinen. Die Markstrahlen waren weiß, sehr gut sichtbar und von unterschiedlicher Breite. Die Feinwurzeln fielen leicht ab, wenn man sie in die Hand nahm oder wusch.

Die Feinwurzeln waren dünn und fielen bei Berührung leicht ab.

Die äußere Rinde hatte eine deutlich gewellte Struktur und eine rötliche Färbung.

Klare, weiße Markstrahlen; die Gefäße waren mit einer Lupe zu erkennen.

# Blut-Buche

## *Fagus sylvatica Atropurpurea*-Gruppe

Die Wurzeln der Blut-Buche ähnelten denen der Rot-Buche, hatten aber eine rötliche Färbung. Die dünne, rötliche Außenrinde hatte deutliche Querlinien. Die innere Rinde war orange bis rötlich. Die äußere Rinde platzte beim weiteren Wachstum der Wurzel auf. Dort, wo alte Rinde vorhanden war, traten dunklere Bereiche auf, während die Farbe im Bereich neuerer Rinde eher rot/orange war. Die Feinwurzeln waren äußerst dünn und klein, mit vielen Verzweigungen. Das Holz war hart und schwer zu brechen. Die Wurzeln waren fest mit den Verzweigungsstellen verbunden.

Das Holz der Wurzel war hell und weißlich gefärbt. Die Markstrahlen waren weiß, sehr gut sichtbar und von unterschiedlicher Breite. Die Feinwurzeln fielen leicht ab, wenn man sie in die Hand nahm oder wusch.

Rötliche Färbung der inneren Rinde.

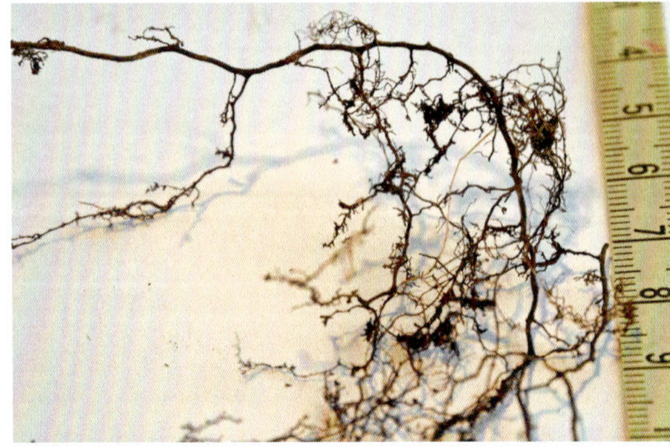

Feinwurzeln.

Äußere Rinde mit deutlich sichtbaren Querlinien.

Weiße Markstrahlen waren deutlich zu erkennen. Bei dieser Wurzel waren auch die Xylemgefäße deutlich sichtbar.

# Zerr-Eiche

## *Quercus cerris*

Die äußere Rinde war rötlichbraun und leicht gefurcht. Die Furchen waren gewellt und liefen in Längsrichtung der Wurzel. In Bereichen ohne Furchen schimmerte die Rinde teilweise metallisch. Die äußere Rinde war dünn und fiel beim Anfassen leicht ab. Die Farbe der inneren Rinde ging eher in Richtung orange. Sie war etwa 1 mm dick.

Im Querschnitt zeigte sich das helle Holz. Das Xylem war gelblichweiß. Die Farbe war beständig und wurde nicht gelber. Die Markstrahlen waren nicht sehr auffällig, konnten aber dennoch erkannt werden, da die Gefäße zwischen ihnen sichtbar waren. Die Wurzeln waren schwer zu schneiden – schwieriger als bei der Stiel-Eiche.

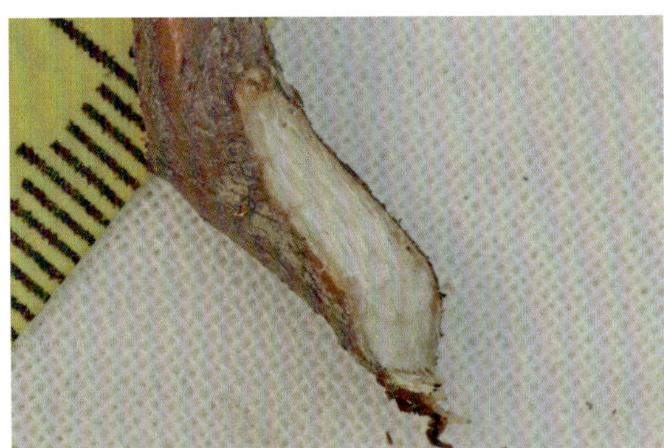

Diagonalschnitt einer Wurzel.

Die äußere Rinde hatte eine deutliche Struktur. Die Lentizellen waren schwer zu sehen, aber sie ließen sich als kleinere, eindeutig braune Auswüchse entdecken.

Die dünne Rinde platzte beim Anfassen leicht ab.

Zwischen den weißen Markstrahlen waren die Gefäße zu erkennen.

# Trauben-Eiche

## *Quercus petraea*

Die äußere Rinde war dunkelorange-braun und dünn. Sie war an einigen Stellen längs gefurcht und an anderen Stellen glatter. Die Wurzeln waren sehr hart. Wurzeln mit einem Durchmesser von 2 cm waren schwer zu biegen. Die Feinwurzeln waren graubraun.

Ein Querschnitt zeigte das helle Xylem, deutliche Markstrahlen und Gefäße. Die innere Rinde war dunkelorange. Die Jahrringe waren deutlich zu erkennen. Die Farbe des Wurzelholzes änderte sich leicht, wenn es der Luft ausgesetzt wurde.

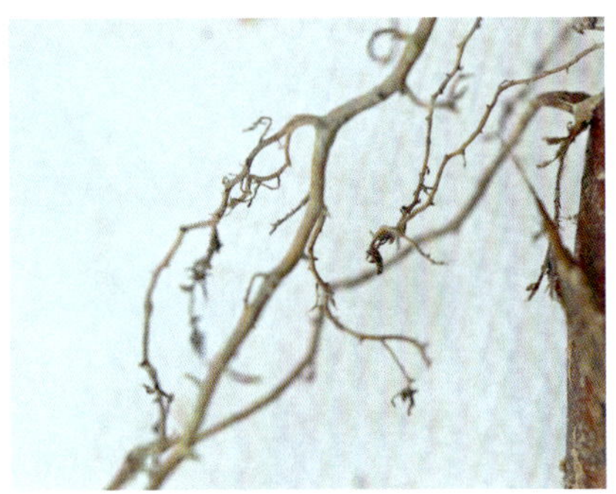

Feinwurzeln.

Die Farbe des Wurzelholzes veränderte sich bei Kontakt mit der Luft leicht.

Eine kleine Wurzel mit Feinwurzeln.

Die äußere Rinde war dunkelorange-braun. Einige Bereiche erschienen fast glänzend.

Im Querschnitt waren Markstrahlen und Xylemgefäße zu erkennen.

# Stiel-Eiche

## *Quercus robur*

Die äußere Rinde hatte eine helle, graue Farbe und war dort, wo sie nicht aufgesprungen war, teilweise glänzend. Ihre Struktur variierte von rau bis glatt. Die Lentizellen waren als dunklere Erhebungen auf der Außenrinde deutlich sichtbar. Die innere Rinde war hellbraun und schien an manchen Stellen durch. Der Baum hatte im Vergleich zu anderen Arten relativ wenige Feinwurzeln. Die Feinwurzeln hatten keulenförmige Spitzen und waren hell, einige fast weiß.

Der Querschnitt war sehr charakteristisch: Die Stiel-Eiche hatte nur wenige, aber dicke Markstrahlen. Diese gingen von der Mitte der Wurzel aus und bildeten einen klar erkennbaren Stern. Die Markstrahlen waren relativ gerade. Die Stiel-Eiche ist ein ringporiger Baum, und ihre großen Gefäße waren selbst ohne Lupe deutlich sichtbar.

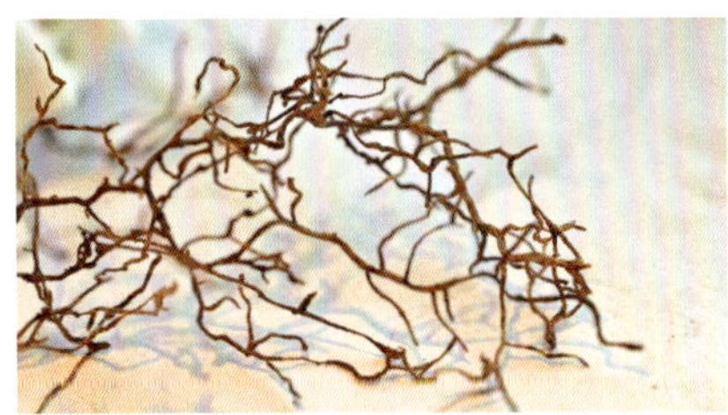

Die Feinwurzeln hatten keulenförmige Spitzen.

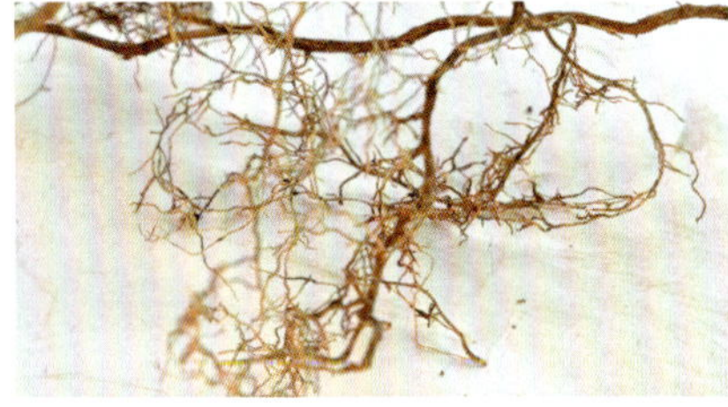

Die Feinwurzeln waren heller als der Rest des Wurzelsystems.

Querschnitt einer älteren Wurzel (3 cm Durchmesser), die nicht gewaschen wurde. Die Markstrahlen waren auch bei verschmutzten Wurzeln gut zu erkennen.

Nahaufnahme der gleichen Wurzel nach dem Waschen. Markstrahlen und Gefäße waren bei Vergrößerung deutlich zu erkennen.

Die Lentizellen waren als dunklere Erhebungen auf der äußeren Rinde deutlich sichtbar.

Markstrahlen und Xylemgefäße waren im Querschnitt deutlich sichtbar.
Die Anzahl der Markstrahlen kann variieren.

# Rot-Eiche

## *Quercus rubra*

Die äußere Rinde war hell graubraun, knorrig und fühlte sich rau an. Die Lentizellen hatten in der Regel fast die gleiche Farbe wie die Außenrinde, können aber auch dunkler sein.

Der Querschnitt war sehr markant: *Quercus rubra* hatte wenige dicke, hellweiße Markstrahlen, die im Querschnitt aufleuchteten und einen deutlich sichtbaren Stern bilden. Die Strahlen waren ziemlich gerade. *Quercus rubra* ist ein ringporiger Baum, und die großen Gefäße waren selbst ohne Lupe gut sichtbar.

Feinwurzeln.

Die Wurzeln waren graubraun und die Lentizellen von gleicher Farbe.

Die Lentizellen waren als quer verlaufende Ausstülpungen deutlich sichtbar.

Schrägschnitt mit sichtbaren Strahlen und Xylemgefäßen.

Der Querschnitt war sehr markant. *Quercus rubra* hatte wenige dicke, hellweiße Strahlen, die im Querschnitt aufleuchteten und einen deutlich sichtbaren Stern bildeten.

# Ginkgo

## *Ginkgo biloba*

Ginkgowurzeln unterschieden sich deutlich von allen anderen Wurzeln, die wir untersucht hatten. Sie fühlten sich weich an und gaben nach, wenn man sie mit den Fingern zusammendrückte. Die äußere Rinde war graubraun und hatte eine deutliche Struktur, die an ein Papiertaschentuch oder einen Faserstoff erinnert. Die Rindenstruktur war in Längsrichtung gewellt und bildete ein interessantes Muster. Sowohl die Seiten- als auch die Feinwurzeln waren relativ kurz und schienen nicht weit von den Verankerungswurzeln weg zu wachsen.

Im Querschnitt war eine dicke, rosafarbene Schicht mit weißen Flecken zu erkennen: die innere Rinde. Das Xylem war gelblich, kann aber im gleichen Querschnitt von weißlich bis eher gelb variieren. Die Markstrahlen waren sehr dünn und als weiße Linien erkennbar. Das Leitgewebe war ohne starke Vergrößerung nicht sichtbar. Die Wurzeln hatten ein deutliches Zentrum mit dichterem Holz.

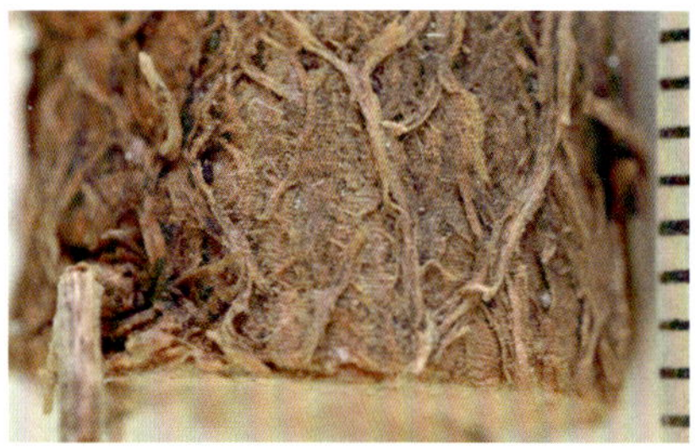

Oberflächenbeschaffenheit der Außenrinde.

Schrägschnitt mit Schattierungen in der weißen und rosa Innenrinde.

Die Feinwurzeln waren klein und wuchsen nicht weit von den Seitenwurzeln weg.

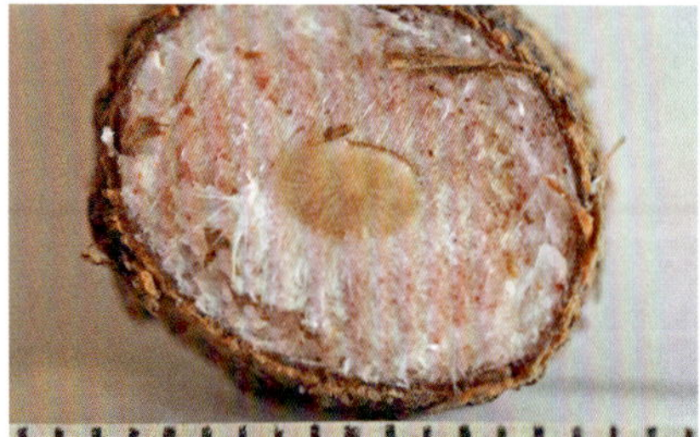

Querschnitt einer Wurzel mit sehr dicker Rinde.

Die äußere Rinde hatte eine gewellte Struktur.

Querschnitt mit relativ dicker, brauner Außenrinde, rosa Innenrinde und gelberem Xylem.

# Amerikanische Butternuss

## *Juglans cinerea*

Die äußere Rinde war fast schwarz. Die Lentizellen waren als schwarze Erhebungen sichtbar. Schabte man ein wenig von der äußeren Rinde ab, kam die gelbe innere Rinde zum Vorschein.

Die innere Rinde und das Xylem vergilbten bei Kontakt mit Luft. Wir hatten zwei verschiedene Arten von Walnüssen verglichen: *Juglans cinerea* und *Juglans nigra*. Bei *Juglans nigra* war die äußere Rinde stärker gelb. Das Xylem beider Arten veränderte seine Farbe, wenn es der Luft ausgesetzt wurde. Markstrahlen und Xylemgefäße waren bei Vergrößerung sichtbar.

Wenn die Wurzel der Luft ausgesetzt wurde, färbte sie sich gelb.

Die gelbe Farbe verblasste nach einer Weile. Diese Wurzel befand sich einen Tag lang in der Tasche des Autors.

Die Rinde war dunkel und fast schwarz. Die Lentizellen waren als sogar noch dunklere Erhebungen sichtbar.

Der Querschnitt zeigt eine dünne Außenrinde, eine dicke gelbliche Innenrinde und ein helleres Xylem mit Gefäßen und Markstrahlen.

# Schwarznuss

## *Juglans nigra*

Die Wurzeln der Schwarznuss hatten eine deutlich grünlich-gelbe Färbung. Bei Freilegung waren sie gut zu sehen und relativ leicht von denen anderer Baumarten zu unterscheiden. Die Farbe war zum einen auf eine gelbe Schicht auf der Außenrinde und zum anderen auf die durchscheinende Farbe der Innenrinde zurückzuführen. Die äußere Rinde bestand aus mehreren dünnen Schichten.

Frisch angeschnitten war das Xylem gelb und färbte sich dunkler, wenn es der Luft ausgesetzt wurde.

Kratzer in der äußeren Rinde zeigen, dass die innere Rinde gelb war.

Sowohl kleine als auch große Wurzeln hatten eine gelbliche Farbe. An einigen Stellen war die äußere Rinde grünlich-gelb.

Ein Graben mit freiliegenden Wurzeln, die Wurzeln waren gelblich.

Querschnitt: Das Xylem färbte sich an der Luft vollständig gelb.

# Winter-Linde

## *Tilia cordata*

Die Wurzeln waren rot-orange und hatten die gleiche Farbe wie neue Zweige in der Baumkrone im Frühjahr. Die äußere Rinde hatte Längsfurchen und ließ sich leicht anritzen, sodass die hellere innere Rinde zum Vorschein kam. Sie platzte auf und ließ die innere Rinde sichtbar werden. Die Lentizellen waren quer verlaufende, dunklere Erhebungen.

Das Xylem war fast vollständig weiß und hob sich von der orangefarbenen Innenrinde ab. Die Gefäße waren schwer zu erkennen. Die Markstrahlen waren kaum sichtbar.

Kleinere Wurzeln waren in feuchtem Zustand orangefarben, fast so wie die Zweige dieses Baumes im Frühjahr.

Die äußere Rinde der Winter-Linde war rot-orange und hatte sichtbare Lentizellen. In dunklem Boden waren die Wurzeln gut zu sehen.

Querschnitt einer frisch geschnittenen Wurzel.

# Holländische Linde

## *Tilia x europaea*

Die Wurzeln waren grau mit einer rot-orangefarbenen Tönung. Die Farbe war am ausgeprägtesten, wenn die Wurzeln feucht waren. Die äußerste Rindenschicht war locker und ließ sich leicht ablösen, um die innere Schicht freizulegen. Die Wurzeln waren elastisch und konnten gebogen werden, ohne zu brechen. Die Rinde löste sich leicht vom Holz und konnte in langen Streifen abgezogen werden. Die Wurzeln hatten einen leicht herben Geruch.

Wenn die äußere Rinde entfernt wurde, dunkelte die innere Rinde rasch nach. Das Xylem wurde ebenfalls dunkler, aber es dauerte etwas länger (15 bis 20 Minuten). Der Querschnitt zeigte, dass die innere Rinde im Vergleich zum Xylem recht dick war. Die Grenze zwischen Holz und Rinde war als rötlich-braune Linie deutlich sichtbar. Markstrahlen und Gefäße wurden bei Vergrößerung sichtbar.

Die Wurzeln der Holländischen Linde waren elastisch und konnten gebogen wurden.

Sowohl Rinde als auch Xylem verdunkelten sich, wenn sie der Luft ausgesetzt wurden.

Durch einen Saugbagger freigelegte Wurzeln in einem Graben.

Nasse und trockene Wurzeln waren unterschiedlich gefärbt. Wo sich alte Rindenschichten abgelöst hatten, kamen hellere Schichten frischer Rinde zum Vorschein.

Das helle Xylem war deutlich von der dunklen Innenrinde zu unterscheiden.

# Schwarzer Maulbeerbaum

## *Morus nigra*

Die Wurzeln des Schwarzen Maulbeerbaums hatten eine charakteristische Farbe. Die äußere Rinde war leuchtend gelb und orange mit einigen violetten Streifen. Die äußere Rinde war dünn und bestand aus mehreren Zellschichten, die abblätterten und gelbere Bereiche darunter freigaben. Die Lentizellen waren als Querstreifen in verschiedenen Farben von weiß über gelb bis violett deutlich sichtbar. Die innere Rinde war relativ dick und von weißer Farbe.

Das Xylem war gelblich. Bei der von uns untersuchten Wurzel waren die Jahrringe auch ohne Vergrößerung deutlich zu erkennen. Markstrahlen und Xylemgefäße ließen sich am besten mit einer Lupe betrachten. Die von uns untersuchte Wurzel war von Fäulnis befallen, und im Inneren waren dunkle Flecken sichtbar.

Dies war eine der wenigen Arten, bei denen die Farben der äußeren Rinde besser sichtbar waren, wenn die Wurzel trocken war.

Der Schrägschnitt zeigt, wie sich die dicke, weiße Innenrinde deutlich vom gelblicheren Xylem und der Außenrinde absetzt.

Die Wurzeln waren in der Erde gut zu sehen, da die Farbe hervorstach.

Leuchtend gelbe und orangefarbene Außenrinde mit violetten und weißen, quer verlaufenden Lentizellen.

Der Querschnitt der von uns untersuchten Wurzel war von Fäulnis betroffen (sichtbar als schwarze Bereiche). Jahrringe, Xylemgefäße und Markstrahlen waren bei Vergrößerung deutlich zu erkennen.

# Gewöhnliche Esche

## *Fraxinus excelsior*

Die Wurzeln der Gewöhnlichen Esche hatten eine charakteristische, etwas stumpfe graue Farbe. Die äußerste Schicht war grau, die inneren Schichten waren heller. An einigen Stellen schien die gelbliche Innenrinde durch. Die äußere Rinde war ziemlich glatt, hatte aber eine längs verlaufende, leicht gewellte Struktur. Diese Struktur entsteht, wenn die Wurzeln an Umfang zunehmen.

Im Querschnitt sah man das gelblich-weiße Xylem. Das Xylem sah einheitlich aus, aber bei Vergrößerung hoben sich die großen Gefäße deutlich ab. Die Gewöhnliche Esche war ein ringporiger Baum, was auch für die Wurzel gilt. Im Vergleich zu einigen anderen Arten war die Rinde recht dick.

Feinwurzeln.

Abgeschabte Rinde.

Querschnitt ohne Vergrößerung.

Eine Wurzel mit einem alten Schnitt und Kallus.

Graben mit Wurzeln der Gewöhnlichen Esche.

Vergrößerter Querschnitt. Die Xylemgefäße waren deutlich sichtbar.

# Gewöhnlicher Flieder

## *Syringa vulgaris*

Die Fliederwurzeln waren spröde und brachen leicht, wenn man sie anfasste. Wenn sie brachen, war meist ein leises Schnappgeräusch zu hören. Die Wurzeln hatten einen leicht herben Geruch.

Die äußere Rinde war hellbraun bis beige; im Boden konnte sie fast gelblich aussehen. Sie war sehr dünn und löste sich leicht ab. Die Lentizellen hatten die gleiche Farbe wie die Rinde und waren als etwas dunklere, quer verlaufende Erhebungen zu erkennen.

Die innere Rinde war heller als das Xylem, das gelblich/beige war. Die Farbunterschiede waren im Schrägschnitt am deutlichsten zu sehen. Die Markstrahlen waren schwer zu erkennen, aber bei Vergrößerung waren sie etwas heller als der Rest des Holzes und ziemlich dicht beieinander. Die Jahrringe waren schwach ausgeprägt, waren aber mithilfe einer Lupe sichtbar.

Ein Schrägschnitt zeigt den Unterschied zwischen heller Innenrinde und dem etwas gelblicheren Xylem.

Querschnitt durch eine von der Weißfäule befallene Fliederwurzel.

Fliederwurzeln in einem Graben.

Die äußere Rinde des Flieders war glatt und von hellbrauner bis beiger Farbe.

Der Querschnitt zeigt die einheitliche Farbe des Xylems.

# Edel-Tanne

## *Abies procera*

Diese Art hatte charakteristische rötliche Wurzeln. Die äußere Rinde bestand aus dünnen Zellschichten. In feuchtem Zustand war die äußere Rinde dunkelviolett, aber wenn sie trocknete, färbte sie sich eher rötlich-orange. Das auffälligste Merkmal war die dicke und rötlich-violette innere Rinde.

Die Tracheiden (Leitgewebe) waren so klein, dass sie selbst mit einer Lupe nur schwer zu erkennen waren. Die Entwicklung der Wurzeln wird offensichtlich von den Böden geprägt, in denen sie wachsen. Die Wurzeln auf den Bildern stammen von der Sorte 'Glauca'.

Dieser Baum wuchs in einer aufgegebenen Baumschule. Das Foto zeigt, wie der Wurzelteller nach außen gewachsen war.

In trockenem und ungewaschenem Zustand hatten die Wurzeln die gleiche Farbe wie der umgebende Boden.

Die Innenrinde war im Vergleich zur Außenrinde dick.

Der Querschnitt zeigt die kräftige rötlich-violette Farbe der inneren Rinde im Gegensatz zum gelblich-weißen Xylem.

# Europäische Lärche

## *Larix decidua*

Die Lärchenwurzeln waren spröde und brachen leicht. Sie hatten einen starken Geruch, der dem von Lärchenholz ähnlich war und an Menthol erinnern kann. Wenn eine Wurzel gewaschen wurde, kamen verschiedene Farbschattierungen von Orange über Rotbraun bis Braun zum Vorschein. Die Farbe variierte je nach Dicke der Wurzel. Die äußere Rinde bestand aus vielen dünnen Schuppen. Die Schuppen fielen beim Wachstum der Wurzel ab und erzeugten einen tarnähnlichen Effekt. Der Wuchs war knotig. Dünne Wurzeln waren zäh und ließen sich nur schwer abreißen. Die Lärche hatte nur wenige Feinwurzeln, und diese waren relativ dick. Die Enden der Feinwurzeln waren stumpf.

Die innere und äußere Rinde hatte fast die gleiche Farbe. Das Xylem war heller und teilweise gelblich. Die Markstrahlen wuchsen dicht beieinander und waren sehr dünn. Sie waren nur mit einem Vergrößerungsglas sichtbar.

Querschnitt einer kleinen Wurzel.
Die innere Rinde war im Vergleich zum Xylem sehr dick.

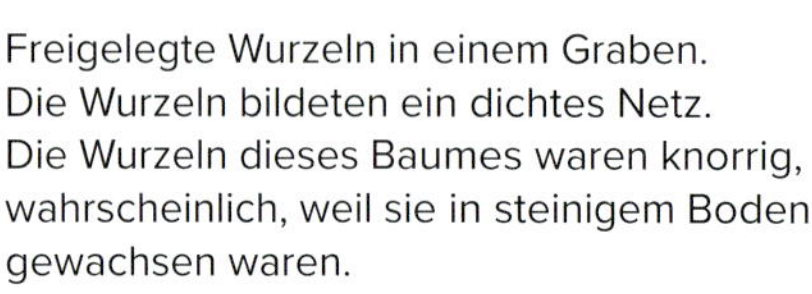

Freigelegte Wurzeln in einem Graben.
Die Wurzeln bildeten ein dichtes Netz.
Die Wurzeln dieses Baumes waren knorrig, wahrscheinlich, weil sie in steinigem Boden gewachsen waren.

Die äußere Rinde der Lärche war geschichtet und bestand aus vielen Schuppen.

Die Markstrahlen gingen als dünne, weiße Linien von der Mitte der Wurzel aus.
Der braune Bereich in der Mitte dieser Wurzel war Fäulnis. Die innere Rinde war mehrere Millimeter dick.

# Gewöhnliche Fichte

## *Picea abies*

Die Wurzeln der Gewöhnlichen Fichte rochen wie ihr Holz. Die äußere Rinde bestand aus mehreren dünnen Schichten und war hellbraun gefärbt. Längsfurchen und Querfalten geben der Rinde eine deutliche Struktur. Die innere Rinde war hell – fast weiß – und hatte kleine orangefarbene Flecken.

Im Querschnitt waren sowohl Markstrahlen als auch Jahrringe deutlich zu erkennen. Die Markstrahlen gingen als dünne, weiße Streifen strahlenförmig von der Mitte der Wurzel aus. Das Leitgewebe war vorhanden, aber die Tracheiden waren klein und selbst mit einer Lupe kaum zu erkennen. Nahe der Mitte einiger Wurzeln waren Harzkanäle sichtbar. Die Wurzeln der Gewöhnlichen Fichte enthielten eine beträchtliche Menge an Harz, welches bei einem Schnitt heraussickerte.

Schrägschnitt, der die dünne Außenrinde und die hellere Innenrinde zeigt. Das Xylem war gelblich.

Die äußere Rinde hatte Längsfurchen.

Querschnitt durch zwei Wurzeln der Gewöhnlichen Fichte: Die Jahrringe und Markstrahlen waren sichtbar. Nach einem Schnitt trat rasch Harz aus. In der kleineren Wurzel waren zwei größere Harzkanäle sichtbar.

# Europäische Zirbelkiefer

## *Pinus cembra*

Die Wurzeln der *Pinus cembra* waren oft voller Harz, sodass man einen starken Harzgeruch wahrnahm, wenn man in der Nähe einer Wurzel dieser Art grub. Der Geruch erinnert an den der bekannteren Kiefernarten. Das Harz verleiht den Wurzeln häufig einen weißen Überzug. Dort, wo dies nicht so war, war die äußere Rinde, die aus vielen dünnen Schuppen besteht, hell bräunlich-orange. Die Wurzeln, die für dieses Projekt ausgegraben wurden, waren sehr gerade; der Baum wuchs in gutem Boden.

Das Xylem und die innere Rinde waren eher gelb. Die Markstrahlen waren dünne, weiße Linien, welche dicht an dicht strahlenförmig vom Zentrum der Wurzel ausgehen. An der von uns untersuchten Wurzel befanden sich in der Mitte vier große, tropfenförmige Harzkanäle. Dies war eine interessante Bebobachtung, aber da wir keine Wurzeln von anderen Bäumen dieser Art ausgegraben hatten, wissen wir nicht, ob dies normal war.

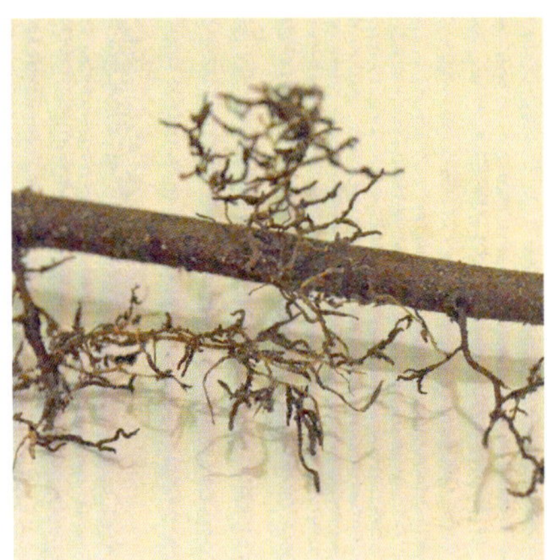

Feinwurzeln.

Die Wurzeln dieser *Pinus cembra* wuchsen gerade aus dem Baumstamm heraus. Da der Baum gefällt wurden musste, konnten wir bis zum Stamm graben.

Mehrere Wurzeln: Einige waren fast vollständig mit Harz bedeckt und sahen weiß aus, während andere eher bräunlich-orange waren.

Im Querschnitt sieht man deutlich die vier Harzkanäle.

# Weymouths Kiefer

## *Pinus strobus*

Die Wurzeln der Weymouths Kiefer waren rötlich-braun und rochen nach Harz. Die äußere Rinde war dünn und lag locker in mehreren Schichten. Die Wurzeln können bei manchen Bäumen vollständig mit Harz bedeckt sein.

Die innere Rinde war orange. Das Kambium, das zwischen Rinde und Xylem liegt, war im Querschnitt deutlich als dunklere Linie zu erkennen. Die Markstrahlen lagen dicht beieinander und waren als dünne, strahlenförmige und leicht gewellte Linien im Xylem zu erkennen. Die Tracheiden, die das Leitgewebe von Kiefern bilden, waren bei Vergrößerung sichtbar. Aus Schnittwunden trat schnell Harz aus.

Beim diagonalen Schnitt sieht man die orangefarbene Innenrinde zwischen dem hellen Xylem und der dunklen Außenrinde.

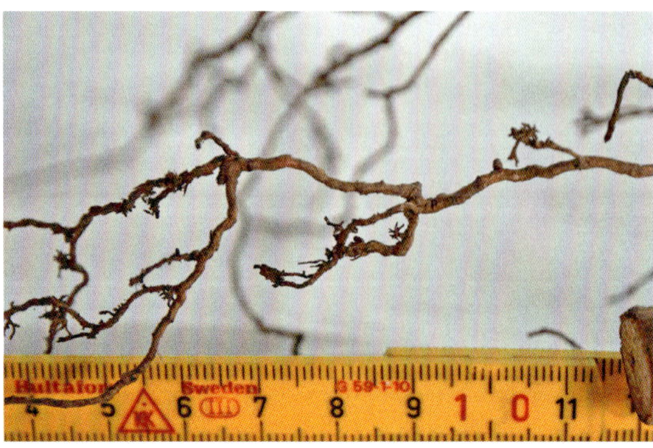


Die Feinwurzeln waren recht dick.

Die Wurzeln der Weymouths Kiefer waren braun mit einem Rotstich.

Der Querschnitt zeigt das hell gefärbte Xylem und die Harzkanäle. Kurz nach dem Schnitt trat Harz aus. Markstrahlen und Tracheiden waren bei Vergrößerung sichtbar.

# Wald-Kiefer

## *Pinus sylvestris*

Die Wurzeln der Wald-Kiefer waren leicht zu entdecken, da sie sich durch ihre orange Farbe vom umgebenden Boden abhoben. Sie rochen nach Harz. Die äußere Rinde war dünn und lag locker in mehreren Schichten. Manchmal waren die Wurzeln vollständig mit Harz bedeckt, wodurch sie weißer wirkten und zäh und klebrig sein konnten. Lebende Wurzeln mit einem Durchmesser von bis zu 1 cm waren weich. Dickere Wurzeln waren steifer.

Die innere Rinde war fast weiß. Das Kambium, das zwischen Rinde und Xylem liegt, war im Querschnitt deutlich als dunklere Linie zu erkennen. Die Markstrahlen lagen dicht beieinander und waren als dünne, strahlenförmige und leicht gewellte Linien im Xylem sichtbar. Die Tracheiden, die das Leitgewebe von Kiefern bilden, waren bei Vergrößerung sichtbar. Aus Schnittwunden trat schnell Harz aus.

Kiefernwurzeln mit viel Harz waren fast vollständig weiß.

Feinwurzeln, die mithilfe eines Saugbaggers freigelegt wurden.

Querschnitt ohne Harz.

Eine große, den Baum verankernde Wurzel, die unter einem asphaltierten Gehweg freigelegt wurde.

Die äußere Rinde der Wurzeln der Weymouths Kiefer war orange.

Im Querschnitt sieht man das helle Xylem. Kurz nach einem Schnitt trat Harz aus. Markstrahlen und Tracheiden waren bei Vergrößerung sichtbar.

# Ahornblättrige Platane

## *Platanus x hispanica*

Die Wurzeln, die beim Ausgraben zum Vorschein kamen, waren deutlich orange gefärbt und hoben sich von dunkler Erde ab. Sie waren steif, konnten aber vorsichtig gebogen werden, ohne zu brechen. Die äußere Rinde hatte eine leicht gewellte Struktur in Längsrichtung. Die Lentizellen hatten die gleiche Farbe wie der Rest der Außenrinde, waren aber als Querstreifen zu erkennen. In trockenem Zustand war die Außenrinde blasser. Die innere Rinde war stärker orange gefärbt als die äußere Rinde.

Das Xylem war weiß mit gelben Farbtönen und färbte sich an der Luft gelb. Die Markstrahlen lagen dicht beieinander und hoben sich durch ihre helle Farbe vom Xylem ab. Die Gefäße waren mithilfe einer Lupe sichtbar. Die Feinwurzeln waren rau und hatten eine stumpfe Spitze.

Die äußere Rinde hatte eine längs ausgerichtete, gewellte Struktur; sie war dünn und ließ sich leicht ablösen.

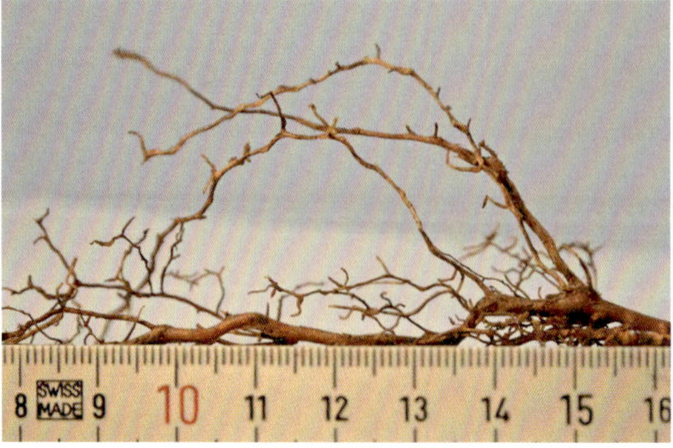


Die Feinwurzeln waren rau und hatten eine stumpfe Spitze.

Die Wurzeln hatten eine charakteristische orange Farbe.

Die Markstrahlen waren breit und mit bloßem Auge zu sehen. Die Gefäße waren am besten mit einer Lupe zu erkennen. Die Jahrringe wurden deutlicher, wenn sie der Luft ausgesetzt wurden (Wurzel links auf dem Bild). Die Rinde war deutlich vom Xylem abgegrenzt.

# Vogel-Kirsche

## *Prunus avium*

Die äußere Rinde der Vogel-Kirschenwurzeln war in feuchtem Zustand fast ganz schwarz. Wenn sie trocknete, wurde sie dunkelbraun. Die äußere Rinde war rissig und knotig und wies eine deutliche Struktur auf. Es gab sowohl Längs- als auch Querfurchen, die zusammen ein fast quadratisches Muster bildeten. Die Wurzeln waren sehr hart und ließen sich nur schwer mit einer Rosen- oder Rebschere durchtrennen.

Bei Kontakt mit Luft änderte sich die Farbe der inneren Rinde und des Xylems. Die innere Rinde verfärbte sich von hellbraun zu orange. Frisch angeschnitten war das Xylem fast weiß, färbte sich aber nach kurzer Zeit orange. Die Markstrahlen waren weiß und lagen recht dicht beieinander. Ohne Vergrößerung können sie schwer zu erkennen sein.

Bei Kontakt mit Luft dunkelte die Farbe nach.

Eine alte, vertrocknete, verfaulte Wurzel. Die Markstrahlen waren noch deutlich sichtbar.

Feinwurzeln.

Knorrige Außenrinde mit einem fast quadratischen Muster.

Der Querschnitt zeigt die dünne Außenrinde und dicke orangefarbene Innenrinde. Die Markstrahlen waren sichtbar.

# Schwedische Mehlbeere

## *Sorbus intermedia*

Die Wurzeln der Schwedischen Mehlbeere waren grau mit einem leicht silbrigen Schimmer. Die äußere Rinde war dünn und die orangefarbene innere Rinde schien an einigen Stellen teilweise durch. Die Lentizellen waren auf der glatten Außenrinde sehr deutlich als quer verlaufende Auswüchse zu erkennen. Sie waren heller als die Außenrinde und von brauner Farbe. Um die Poren herum befand sich eine dunkle Linie.

Die Markstrahlen waren dünn und gleichmäßig über den Querschnitt verteilt. Sie waren heller als das Xylem, aber ohne Vergrößerung teilweise schwer zu erkennen. Die Gefäße waren klein und kaum sichtbar. Sowohl das Xylem als auch die innere Rinde verdunkelten sich bei Kontakt mit Luft.

Die Wurzel wurde etwas dunkler, wenn sie der Luft ausgesetzt wurde.

Nahaufnahme der Lentizellen.

Diagonalschnitt.

Ein Beispiel dafür, wie die Wurzeln wachsen können.

Die Lentizellen waren auf der ansonsten glatten Außenrinde deutlich als quer verlaufende Vorsprünge zu erkennen.

Die Markstrahlen waren gleichmäßig verteilt; die Gefäße waren kaum zu erkennen.

# Vogelbeere

## *Sorbus aucuparia*

Die Wurzeln der Vogelbeere hatten, wie die der meisten anderen Arten, eine sehr dünne Außenrinde. In trockenem Zustand war die äußere Rinde hellbraun. Die innere Rinde war rötlich und schien an manchen Stellen durch. Die Wurzeln ließen sich nur schwer mit einer Rosen- oder Rebschere schneiden und waren recht zäh.

Das Xylem war hellgelb bis beige. Die dicht angeordneten Markstrahlen hatten etwa die gleiche Farbe wie der Rest des Xylems und waren schwer zu erkennen. Die korkartige innere Rinde war hellrot bis rosa. Bei Kontakt mit Luft wurden die Farben etwas dunkler. Im Querschnitt waren die Jahrringe deutlich zu sehen. Die Gefäße waren dünn und ohne starke Vergrößerung nicht zu erkennen. Beim Anschneiden einer Wurzel kann Saft austreten, je nach Jahreszeit variiert die Menge wahrscheinlich.

Diagonalschnitt.

Die äußere Rinde war hellbraun. Die innere Rinde war rötlich und schien an einigen Stellen durch. Die Lentizellen waren sichtbar.

Querschnitt. Das Xylem wurde etwas dunkler, wenn es der Luft ausgesetzt war. Die Jahrringe waren als Kreise im Wurzelholz zu sehen.

# Silber-Pappel

## *Populus alba*

Die äußere Rinde der Wurzeln war dunkel und in nassem Zustand fast schwarz. In trockenem Zustand hellte sich die Farbe zu einem dunklen Grau auf. Die äußere Rinde war glatt und ohne Struktur, abgesehen von sehr deutlich ausgeprägten Querstreifen, den Lentizellen.

Die äußere Rinde war dünn, die korkartige gelb-weiße Innenrinde war recht dick. Das Kambium, das zwischen Phloem und Xylem liegt, war auch ohne Lupe zu erkennen und bildete eine deutlich sichtbare Grenzlinie. Die Markstrahlen waren dagegen nur schwer zu erkennen. Die Gefäße, die über den gesamten Querschnitt verteilt waren, waren deutlich und ohne Vergrößerung zu erkennen.

Die Wurzelproben wurden von der Sorte 'Nivea' entnommen.

Es gab einen deutlichen Farbunterschied zwischen der äußeren Rinde und dem Holz.

Die Lentizellen waren als Querlinien sogar auf einer nicht gewaschenen Wurzel sichtbar.

Die Wurzeln der Silber-Pappel hatten eine glatte Außenrinde.
Die langen, quer verlaufenden Linien waren Lentizellen.

Das Holz war weich, und es war schwierig, es gerade zu schneiden. Die Gefäße waren mit einer Lupe deutlich sichtbar. Die innere Rinde war weiß und im Verhältnis zum Xylem recht dick. Das Kambium war zwischen Phloem und Xylem deutlich zu erkennen. Die Wurzel auf dem Bild misst 1 cm im Durchmesser.

# Espe

## *Populus tremula*

Die Wurzeln glänzten, wenn sie freigelegt wurden. Die äußere Rinde war sehr hell und glatt. Die Farbe kann an derselben Wurzel von beige bis goldbraun variieren. Die Lentizellen waren sehr deutlich als dunkle, hervorgehobene Linien in Längsrichtung zu erkennen. Sie ließen sich leicht ertasten. Mit einer Rosen- oder Rebschere ließen sich die Wurzeln sehr leicht schneiden.

Die innere Rinde und das Xylem waren weißlich. Das Xylem kann sich leicht röten, wenn es einige Zeit der Luft ausgesetzt war. Die innere Rinde war relativ dick und unterschied sich in der Struktur vom Xylem. Das Kambium, das zwischen Phloem und Xylem liegt, war als dünner Ring zu sehen und verdunkelte sich nach längerem Kontakt mit Luft. Die Gefäße waren klein und nur mithilfe einer Lupe zu sehen. Die Markstrahlen waren sehr undeutlich und selbst mit einer Lupe kaum zu erkennen.

Feinwurzeln, gewachsen in sandigem Boden.

Diagonalschnitt.

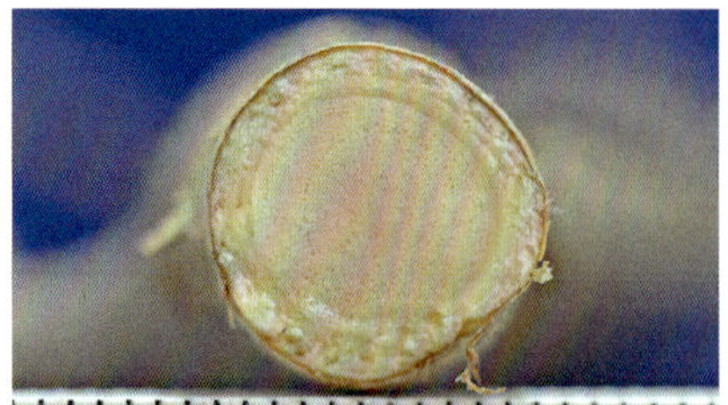

Querschnitt einer Espenwurzel, die von einem anderen Baum entnommen wurde. Hier war das Kambium als dunklerer Ring zwischen Phloem und Xylem sichtbar.

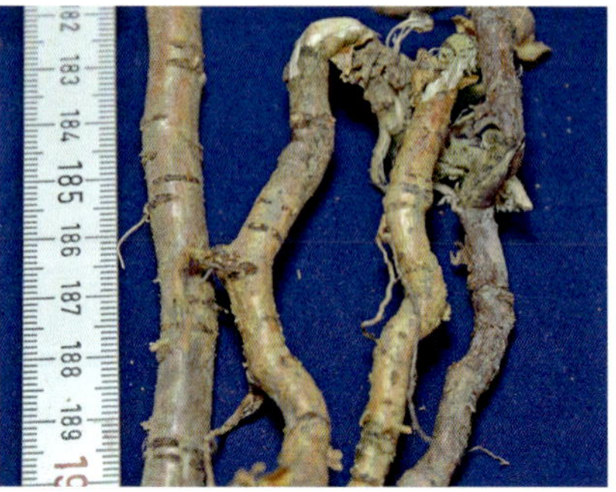


Mehrere Wurzeln einer Espe.

Die äußere Rinde der Espe war hell und glänzend.

Querschnitt: Das Xylem rötete sich leicht, wenn es der Luft ausgesetzt wurde.

# Sal-Weide

## *Salix caprea*

Die Sal-Weide hatte ein kräftiges Wurzelsystem mit vielen Wurzeln und hat teilweise dichte Teppiche aus Feinwurzeln gebildet. Die äußere Rinde der Wurzeln hatte eine leicht knotige Struktur und war dunkelrötlich. Die Farbe kann ohne Waschen der Wurzel schwer zu erkennen sein. Nasse Wurzeln waren fast schwarz. Wie rötlich die Wurzeln waren, hängt wahrscheinlich von der Jahreszeit und dem Boden ab.

Der Querschnitt zeigt eine deutlich rosafarbene Innenrinde. Die innere Rinde war im Verhältnis zum Xylem, das eine hellgelbliche Färbung aufweist, dick. Die Markstrahlen und das Leitgewebe waren kaum sichtbar. Das Xylem färbte sich nach dem Anschneiden rötlich.

Ein weiteres Merkmal war, dass sich die Rinde sehr leicht vom Holz löste.

Der Schrägschnitt zeigt, dass sich in der inneren Rinde weiße Fasern befinden.

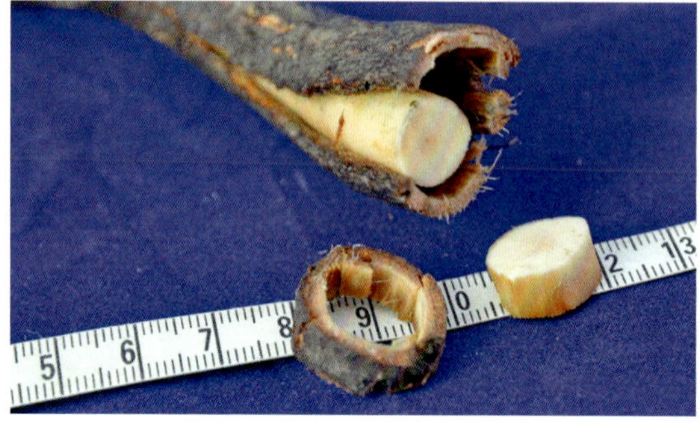

Die Rinde löste sich leicht vom Holz. Dieses Foto zeigt auch, dass die rosa Farbe unterschiedlich intensiv sein kann.

Eine rissige kleine Wurzel mit vielen Feinwurzeln. An den Bruchstellen war die rosa Farbe zu sehen.

Querschnitt: rosa Innenrinde und rötliche Färbung im Xylem.

# Feld-Ahorn

## *Acer campestre*

Die äußere Rinde war gräulichbraun. Die Lentizellen hatten die gleiche Farbe und waren kaum sichtbar. Wurzeln mit einem Durchmesser von weniger als 0,5 cm waren fast ganz glatt, während dickere Wurzeln in der äußersten Rindenschicht eine leicht gewellte Struktur aufwiesen. Die Feinwurzeln hatten eine etwas hellere gräulichbraune Farbe. Sie waren relativ dick.

Die innere Rinde war orangefarben. Das Xylem war hell gefärbt. Xylemgefäße und Markstrahlen waren nur bei Vergrößerung sichtbar. Die Strahlen zogen sich in geraden Linien bis in die innere Rinde.

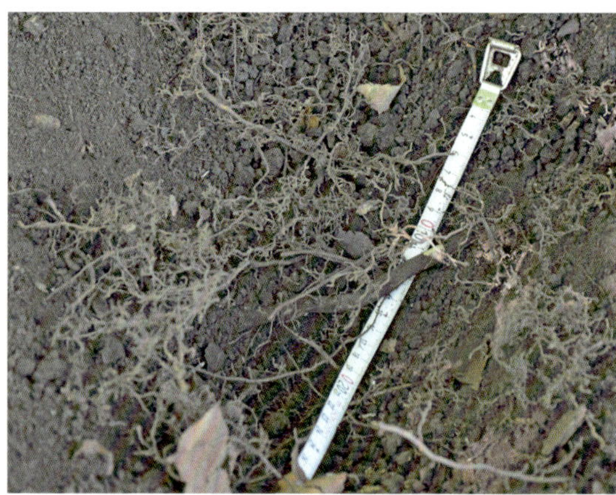

Freigelegte Feinwurzeln in einem Graben.

Diese alte, dicke Wurzel wurde bei den Arbeiten freigelegt. Sie hatte eine sehr dünne äußere Rinde und war an der Oberfläche zerfurcht.

Schrägschnitt einer Feld-Ahornwurzel mit charakteristischer orangefarbener Innenrinde, die sich von dem hellen Xylem und der glatten, dunklen Außenrinde abhebt.

Querschnitt einer Wurzel mit einem Durchmesser von etwa 0,5 cm. Dieses Foto wurde mit einem Makroobjektiv aufgenommen und zeigt die Wurzel in Vergrößerung.
Die Markstrahlen waren weißer als das Xylem. Man kann auch die Xylemgefäße erkennen.

# Spitz-Ahorn

## *Acer platanoides*

Die äußere Rinde der Wurzeln des Spitz-Ahorns war rau. Sie hatte kleine, längs ausgerichtete und deutlich orangefarbene Lentizellen. Bei den meisten anderen Bäumen waren die Lentizellen querlaufend.

Die äußere Rinde war graubraun, und die Farbe hellte sich sowohl bei älteren als auch bei jungen Wurzeln auf, wenn sie trockneten. Die Feinwurzeln waren in trockenem Zustand hellgrau bis braun. Sie waren sehr dünn (meist weniger als 1 mm im Durchmesser), weich und konnten gebogen werden. Wurzeln mit einem Durchmesser von mehr als 1 cm waren weniger biegsam und brachen leicht. Die Wurzeln hatten einen milden, aber leicht herben Geruch.

Im Querschnitt war die äußere Rinde graubraun und die innere Rinde eher orangefarben. Das Xylem war hellbeige. Die Farbe verdunkelte sich nach einigen Minuten an der Luft zu graubraun. Die Gefäße waren gleichmäßig im Xylem verteilt. Die Markstrahlen bildeten dünne, klar erkennbare weiße Linien.

Feinwurzeln in einem Graben.

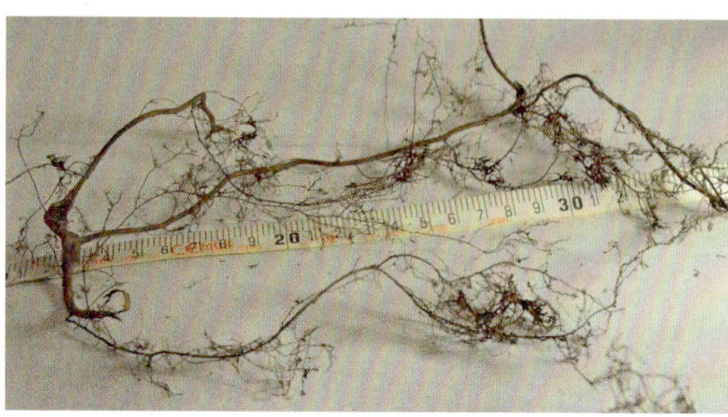

Die Feinwurzeln des Spitz-Ahorns waren ausgesprochen dünn.

Der Spitz-Ahorn hatte orangefarbene, längs ausgerichtete Lentizellen.

Der Querschnitt zeigt den Kontrast zwischen hellem Xylem und orangefarbener innerer Rinde. Die Markstrahlen waren deutlich als weiße Linien zwischen den Gefäßen zu erkennen.

# Berg-Ahorn

## *Acer pseudoplatanus*

Die Wurzeln des Berg-Ahorns unterschieden sich deutlich von denen des Spitz-Ahorns: Die äußere Rinde war weniger strukturiert und die Lentizellen waren weniger auffällig. Die Wurzeln des Berg-Ahorns waren braun-orange und manchmal leicht rötlich. Ein feinmaschiges Muster entstand, wenn die äußersten Schichten aufbrachen und die frische orangefarbene Rinde zum Vorschein kam. Die Lentizellen hatten die gleiche Farbe wie die äußere Rinde und waren kaum zu erkennen. Die Feinwurzeln waren gräulich.

Im Querschnitt erschien die äußere Rinde als eine dünne Schicht von Zellen. Die innere Rinde war leuchtend orange. Das Kambium war als dunklere Linie zwischen Xylem und Phloem zu erkennen. Die Markstrahlen lagen dicht beieinander. Sie waren heller als das Xylem und deutlich sichtbar. Die Gefäße waren am besten in der Vergrößerung zu sehen und über das gesamte Xylem verstreut zu finden. Der Kern in der Mitte war etwas dunkler als der Rest des Holzes.

Diagonalschnitt mit äußerer und innerer Rinde und Xylem. Die Lentizellen waren als kleine warzenähnliche Erhebungen ebenfalls sichtbar.

Die äußere Rinde der Wurzeln des Berg-Ahorns war orange und hatte ein feinmaschiges Muster.

Die Lentizellen waren quer verlaufend und ohne Vergrößerung schwer zu erkennen.

Die Feinwurzeln waren gräulich gefärbt.

Berg-Ahornwurzeln hatten dichte und gleichmäßig verteilte Markstrahlen.

# Rosskastanie

## *Aesculus hippocastanum*

Die äußere Rinde war dünn und dunkelbraun; sie ließ sich leicht ablösen, wodurch hellere Schichten neuer Rinde freigelegt wurden. In feuchtem Zustand hatte die äußere Rinde etwa die gleiche Farbe wie reife Rosskastanien. Die innere Rinde war dunkelkastanienbraun bis orange. Frische Wurzeln waren relativ schwer zu schneiden und wurden in getrocknetem Zustand noch härter. Die Wurzeln hatten eine knotige Wuchsform. Die Lentizellen waren als kleine, quer verlaufende Linien sichtbar.

Schnitt man die Wurzel an, wurde das weiße Xylem sichtbar. Dieses sah auf den ersten Blick wie eine glatte, weiße Oberfläche aus. Mit einer Lupe können die Jahrringe und dünnen Markstrahlen sichtbar werden. Die Markstrahlen lagen dicht beieinander. Die Farbe des Holzes änderte sich nicht, wenn es der Luft ausgesetzt wurde.

Schrägschnitt mit deutlich sichtbaren Farbunterschieden.

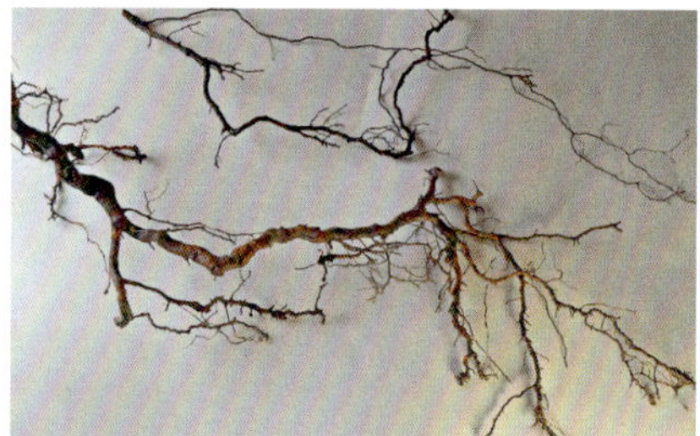

Typisches knorriges Wurzelwachstum.

Die Lentizellen waren als schmale, quer verlaufende Linien sichtbar.

Die äußere Rinde war orange und dunkelbraun.

Es gab einen großen Farbunterschied zwischen nassen und trockenen Wurzeln.

Diese Wurzel misst 1 cm im Durchmesser. Die Jahrringe waren deutlich als kreisförmige Farbunterschiede zu erkennen. Die Wurzel hatte neun Jahrringe.

# Berg-Ulme

## *Ulmus glabra*

Die Wurzeln der Berg-Ulme waren gräulich. Die äußere Rinde war dünn und wies eine ausgeprägte Struktur in Form längsgerichteter, wellenförmiger Furchen auf. Die Lentizellen standen leicht hervor und waren als dunkelorangefarbene Ellipsen und Linien in Querrichtung gut sichtbar.

Die innere Rinde war weiß. An der Luft verfärbte sie sich rasch gelb-braun.

Ein charakteristisches Merkmal der Art war das schleimige Sekret, das aus beschädigten oder freigelegten Wurzeln austrat. Das Sekret befand sich in der inneren Rinde.

Der Querschnitt zeigt, dass die Wurzel deutliche, weiße Markstrahlen aufwies. Die Strahlen waren gerade und ziemlich breit. Es gab deutliche Unterschiede zwischen der äußeren Rinde, der inneren Rinde und dem Xylem. Die Berg-Ulme ist ein ringporiger Baum, der früh in der Vegetationsperiode große Gefäße ausbildet, die auch ohne Vergrößerung gut zu sehen waren.

Wurzeln unter 1 cm waren biegsam, aber dickere Wurzeln brachen recht leicht.

Die Berg-Ulme setzte ein Sekret frei, das die Wurzeln bei Beschädigung mit einer Schleimschicht umhüllt.

Die linke Wurzel wurde 5 Minuten lang der Luft ausgesetzt; die rechte Wurzel war frisch geschnitten.

Die äußere Rinde war in Längsrichtung wellig gefurcht. Die Lentizellen waren als quer verlaufende, dunklere Linien sichtbar.

Querschnitt mit sichtbaren Gefäßen und Markstrahlen.

Die weiße innere Rinde verfärbte sich an der Luft schnell gelb-braun.

Die orangefarbenen Lentizellen waren mit einer Lupe deutlich sichtbar.

# Autoren

**Kristin Moldestad** ist Pflanzenwissenschaftlerin und Baumpflegerin. Sie arbeitet als Baumsachverständige und hat sich auf den Erhalt von Stadtbäumen spezialisiert. Außerdem unterrichtet sie Baumpflege an der Fagskolen Vestland, einer bekannten Berufsschule in Norwegen, und ist Beraterin für nachhaltige Baumpflege bei der gemeinnützigen Organisation FAGUS.

**Olve Lundetræ** ist Landschaftsgärtner und Baumpfleger. Zu seinen täglichen Aufgaben gehören das Beschneiden und Fällen von Bäumen sowie die baumschutzfachliche Baubegleitung. Er ist Miteigentümer von und tätig bei Aker trepleie AS und hat viermal die norwegische Meisterschaft im Baumklettern gewonnen.

# Danksagung

Der Zugang zu Wurzeln war eine unerlässliche Voraussetzung für diese Arbeit. Dank großzügiger Kollegen aus der Branche erhielten wir Zugang zu offenen Gräben, in denen bereits Wurzeln freigelegt worden waren. Wir möchten uns ganz herzlich bei John Coles bedanken, der uns bei der Entnahme von Proben an sehr vielen Bäumen geholfen hatte. Wir danken Andreas Løvold für die Erlaubnis, Wurzelproben von exotischen Bäumen im Botanischen Garten der Universität Oslo zu nehmen, und Oluf M. Brand, der uns Wurzeln aus einer aufgegebenen Baumschule in Norwegen geschickt hatte.

Vielen Dank an die außerordentliche Professorin Ingjerd Solfjeld von der Norwegischen Universität für Biowissenschaften, die uns die Erlaubnis erteilte, Wurzeln kürzlich gefällter Bäume im Arboretum des Freilandlabors zu sammeln. Sie hatte uns auch wertvolle Ratschläge für die Verwendung von Begriffen und Fachausdrücken gegeben. Ein besonderer Dank geht an Joe Greipp und sein Team für das Sammeln von Wurzeln im Arboretum von Meadow Lakes in Moorestown, New Jersey, USA.

Wir möchten auch Vibeke Stockinger Lundetræ für ihren Zuspruch und die sprachliche Unterstützung danken.

# Literaturverzeichnis

*Enzyklopädie der Botanik und Pflanzenphysiologie* (auf Norwegisch), Halvor Aarnes, Universität Oslo, https://www.mn.uio.no/ibv/tjenester/kunnskap/plantefys/leksikon/

*Raven Biology of Plants*, Susan E. Eichorn, Ray F. Evert. 8. Auflage. New York: WH Freeman and Company, 2013.
ISBN 9781464113512.

*Root Identification Manual of Trees and Shrubs: A Guide to the Anatomy of Roots of Trees and Shrubs Hardy in Britain and Northern Europe*, D. F. Cutler, P. J. Rudall, P. E. Gasson and R. M. O Gale. London: Chapman and Hall, 1987.
ISBN 9780412257506.

*Tree Anatomy*, Alex Shigo. Durham: Shigo and Trees, 1994.
ISBN 9780943563145.

*Wurzelatlas mitteleuropäischer Waldbäume und Sträucher*, Lore Kutschera, Erwin Lichtenegger. Graz: Stocker, 2022.
ISBN 9783702009281.

# Index der botanischen und deutschen Namen

ASTREINES
FACHWISSEN
Baumkontrolle
Dirk Dujesiefken, Petra Jaskula, Thomas Kowol, Antje Lichtenauer
Baumkontrolle
unter Berücksichtigung der
Baumart
Bildatlas der typischen Schadsymptome
und Auffälligkeiten
HIER
BESTELLEN!
Horst Stobbe, Thomas Kowol, Petra Jaskula, Dennis Wilstermann,
Stefan Düsterdiek, Paul Wilm, Timo Vogel, Dirk Dujesiefken
Verkehrssicherheit
und Baumkontrolle
Der Praxisleitfaden zu den
FLL-Baumkontrollrichtlinien
Haymarket Media
Antje Lichtenauer, Thomas Kowol und Dirk Dujesiefken
Pilze bei der
Baumkontrolle
Erkennen wichtiger Arten
an Straßen- und Parkbäumen
Haymarket Media
haymarket
Haymarket Media GmbH | shop.taspo.de | leserservice@haymarket.de

ASTREINES
FACHWISSEN
Baumbeurteilung
Andreas Roloff
Vitalitätsbeurteilung von Bäumen
Aktueller Stand und Weiterentwicklung
Haymarket Media
HIER BESTELLEN!
VITALITÄTSBEURTEILUNG VON BÄUMEN
Grundlagen, Hintergründe und Methoden zur Vitalitätsbeurteilung von Bäumen in der Stadt, an Straßen, in der Landschaft und im Wald. Für eine größere Sicherheit bei der Baumbeurteilung!
haymarket
Haymarket Media GmbH | shop.taspo.de | leserservice@haymarket.de